高等教育美术专业与艺术设计专业"十三五"规划教材

服 装 设 计

FUZHUANG　　　　SHEJI

李红月　邱　莉　赵志强　编　著

西南交通大学出版社
·成都·

内 容 简 介："服装设计"是服装设计专业学生学习必不可少的专业基础课程。

本书包括设计理论基础、服装材料基础、工艺技术基础及实例项目分析。第一部分主要讲述基本概念,让初学服装设计的学生掌握服装设计相关的基础知识。第二部分通过实际设计案例模拟工作室的工作流程,分析主题、搜集材料、确立设计元素、准备和实物制作,使学习者通过实例学习到服装设计完整的工作过程。

图书在版编目(CIP)数据

服装设计 / 李红月,邱莉,赵志强编著 . — 成都:西南交通大学出版社,2016.1

高等教育美术专业与艺术设计专业"十三五"规划教材

ISBN 978-7-5643-4443-6

Ⅰ . ①服… Ⅱ . ①李… ②邱… ③赵… Ⅲ . ①服装设计 — 高等学校 — 教材 Ⅳ . ① TS941.2

中国版本图书馆 CIP 数据核字(2015)第 313907 号

高等教育美术专业与艺术设计专业"十三五"规划教材

服装设计

李红月   邱 莉   赵志强   编著

责任编辑	罗小红
特邀编辑	李秀梅
封面设计	姜宜彪

出版发行	西南交通大学出版社 (四川省成都市二环路北一段 111 号 西南交通大学创新大厦 21 楼)
发行部电话	028-87600564 028-87600533
邮政编码	610031
网　　址	http://www.xnjdcbs.com

印　　刷	河北鸿祥印刷有限公司
成品尺寸	185 mm × 260 mm
印　　张	8
字　　数	162 千字
版　　次	2016 年 1 月第 1 版
印　　次	2016 年 2 月第 1 次
书　　号	ISBN 978-7-5643-4443-6
定　　价	49.50 元

教材中所使用的部分图片,仅限于教学。由于无法及时与作者取得联系,希望作者尽早联系。电话:010-64429065

前　言

"服装设计"是服装设计专业学生重要的基础课程。本书采用了案例教学的方式，要求教师以具体的主题来指导学生，学生围绕主题拓展创意空间。学生将在本书学习中掌握基本而完整的设计工作流程，并接触到更多、更广的知识和技能技巧，而不只是单项科目的纵向深入研究。本书以提高学生综合运用能力为主要目地，符合高职、高专培养应用型人才的需要。

本书内容包括设计理论基础及案例分析两部分。主要讲述了服装设计的基本概念、确立理念的重要性、色彩材质款式设计的基本要素等，这些都是初学服装设计的学生需要掌握的基本知识。

为保持书中内容的前沿性，本书所采用的流行信息和资料尽可能取材于近两年内。编者立足于全面性和系统性的论述，强调围绕创意有选择性地利用理论知识，在实践活动中活学活用。

本教材的编写本着培养高素质技能型人才的目的，由于服装业及服装教育领域发展迅速，也由于笔者的水平有限，教材中难免有疏漏和不尽如人意之处，希望专家、同行和读者批评指正。

编　者

2015 年 7 月

目　录

第1章 关于服装设计

服装是人类文明的产物，每一件服装都不同程度地反映出它所处的时代特征，如当时的科技水平、地理特征、风土人情、宗教信仰等。人们见面在交谈之前，服装就已经向对方传递了性别、年龄、职业、个性、品位以及社会阶层等信息。因此，服装也是一种社会符号语言，它是人外在性质和内心思想的反映或投影。

1.1 服装发展简述

服装发展的历史与人类文明发展的历史密切相关，人们可以很容易地从服装上判别与其有关的人文历史背景，这也是人们进行服装预测的依据之一。

在原始社会阶段，人类发明了裙子（或围裙）和腰带之类的衣片，用以遮掩和装饰身体，上面还系挂武器等物件，所用的材料是粗陋的天然物品，如坚硬的、未经鞣制的兽皮、草蔓、树皮和麻类等。至今世界上一些原始部落或民族仍然保持这种装束。

原始的织造手段和缝制技术使得纺纱织布和针签线连几乎成为服饰的全部。之后，随着农牧业及纺织生产水平的不断提高，服装用料逐渐精细和增多，服装种类日益丰富，样式各具特色。

以中国的服装发展为例，春秋战国时期，男女衣着样式简单，通用的是上衣和下裳相连的"深衣"式，外观颇似布块缠裹身体。在材料上，普遍使用大麻、苎麻和葛织物，统治阶层和贵族可以大量使用丝织物。汉代丝、麻纤维的纺绩、织造和印染工艺技术很发达，服装用料丰富，织物名称有纱、绡、绢、锦、布、帛等。1972 年湖南长沙马王堆出土的西汉素纱禅衣仅重 49 g，可见当时的技术已经达到了用桑蚕丝制成轻薄透明的布匹的水平。隋唐两代，服装成为区分统治者权力和阶级等级的标志，日常衣料广泛使用丝绸和麻布。随着中外交往的增加，服装款式受到外来文化的很大影响，如源自古代波斯的团花图案、流行一时的胡服领、彩色条纹的胡裤、僧人穿着的印度式服装"袈裟"等。同时，唐代的服饰也流传到海外，如日本的和服至今仍保留着唐代的服装风格。到清代，受满族文化的影响，服式变得相对紧瘦，马褂、旗袍等服式盛行，改变了唐、宋、明宽衣大袖的服装样式。

西方古代服装一般可分为两种基本类型：一是块料型服装，由大块不经缝制的衣料包缠、披挂或系扎在身上，用绳带、别针等附件固定，例如古埃及人、古罗马人和古希腊人的穿着。二是缝制型服装，用利器裁切纺织品或皮革成片，两个衣片边缘穿入细线，缝成小褂和早期的裤子。这种原始服饰直到现在还留存在许多民族之中，如爱斯基摩人和中亚一些民族所穿的服装。

19世纪中叶后，西欧进入工业社会，随着生产力的提高，服饰的科技因素逐渐显示出来，可供制作服装的织物品种和数量增加，服装生产得到促进，与之相关的各项产业逐渐形成。1830年，法国人蒂莫尼耶发明了第一架单线缝纫机，1851年美国人L.M.胜家将其改进为脚踏缝纫机，投入批量生产。缝纫机的普及促使生产效率进一步提高，并推动裁剪机、延布机、锁眼机、鞝鞋机、整烫设备等一系列配套设备的陆续问世，对服装工业走向机械化、集中化、专业化生产起了重要推动作用。现代服装工业形成的主要标志就是开始采用机器进行集中而有分工的商品生产。

与此同时，服装审美和服装功能也发生了本质变化，内部结构和外部设计朝着更实用更具现代审美特点的方向发展。中国服装在辛亥革命后吸收了大量西方服装的元素，在西洋套装的基础上改良产生了中山服、学生服等，女装流行外形窈窕的旗袍外加西方针织对襟衫。第二次世界大战后的经济发展与工业化，促进了服装的大众化，开启了始于20世纪60年代的高级成衣时代。大量生产的产品改变了大众对服装的观念，人们对设计的要求也愈加严格，服装成为具有理念的设计商品。服装服饰艺术是一种大众文化形态，也是一种多层面、综合性的系统工程。时至今日，服装业演变为一个极为庞大丰富的产业，以服装为中心，扩展形成了一个内容相当丰富纷繁的领域。服装工业可简单分成两大类：服装加工业和服饰加工业。前者侧重于男装、女装和童装的设计和创新，其中女装是服装加工中最大的部分；后者则侧重于与服装配套的装饰品和附件的生产，如箱、包、鞋和首饰等。

从流通环节来看，服装产业大致包括了原料生产、纺织工业、服装工业、新品发布、时尚媒体、批发零售、服装定制等。因此服装设计的范畴不仅仅是服饰艺术造型本身，服装的策划和广告促销也很重要。产品由设计公司走向消费者，其中需要推动力。从国际市场营销的整体环境来看，20世纪70年代是人为直接推销，80年代注重建立企业社会形象，90年代以后依靠企业和产品的自身文化力进行营销。在以前，主要销售媒体是报纸、杂志、广告牌、广播和电视等，而现在借助飞速发展的高科技，新营销媒体在一定程度上改进了传统营销方式，增加了诸如网络、电子商务等新的科技手段，人们通过新颖的营销方式可以在众多品牌中迅速寻找到适合自己的服装。

服装工业在相当长的一段时间内将仍然以劳动密集型为主，但不断向技术密集型工业领域发展。

1.2　服装的分类

服装的主要作用表现在保护和装饰身体这两方面，这也是人类使用服装的最根本目的。

保护，即用服装材料遮掩人体，使皮肤与外界隔离开来，防止身体轻易受到伤害，维持人体的热平衡，以适应气候的冷暖变化。服装要使人穿着有舒适感，影响舒适的因素主要有面料性能、服装结构以及缝制技术等。

装饰，即装点修饰。在满足了保暖护体的基本要求之后，人们还需要服装满足视觉和精神上美的享受。影响美观性的主要因素有纺织品的纹理、色彩、服装结构组织、形态保持性、悬垂性、弹性、防皱性、服装款式等。

服装从起源发展至今，在实现了以上两方面作用的基础上，逐渐形成了不同的类别，可以从以下几个角度对服装进行分类。

1.2.1 按性别年龄特征分类

婴幼儿装（学龄前）、童装（分男女，小学阶段前）、少年装（分男女，中小学阶段）、青年装（分男女，中高等教育阶段）、成人装（分男女，一般指25岁以上者）、中老年（分男女，50岁以上者）。随着中性风格和年轻化风格的流行，很多服装在性别和年龄上不同程度地模糊起来，这在休闲装和运动装上表现得特别突出。

1.2.2 按季节气候分类

服装按季节分类大致可分为初春装、春装、初夏装、盛夏装、夏末装、初秋装、秋装、冬装8种。

现在，成衣设计师的作品发布一般在每年的3月和10月左右，所以，服装又大致分成了春夏装和秋冬装两大类。

1.2.3 按服用机能分类

（1）衣服

根据衣服在不同场合的穿着情况有如下几种分类：在特殊环境具有防护作用的作业服装，如消防服、潜水服、登山服、极地服、防紫外线服、防辐射服等；在社交场合穿用的服装，如社交服、礼仪服、外出服等；在日常生活、学习、工作和休闲场合穿着的服装，如工作服、运动服、家居服等；某个团体或工种的具有标志性的服装，如工作制服、军服、警服等职业装、团体装等。

（2）附属品

附属在服装上的具有各种功能的物件，如围巾、领带、腰带、鞋靴等。

（3）装饰品

根据装饰在身体部位的不同可分为头饰、颈饰、胸饰、腰饰、腕饰、指饰、脚饰等。

（4）携带品

携带品如背包、手袋、雨伞、阳伞、手杖、手表、扇子等。

上述四种类别中，附属品、装饰品和携带品总称为服饰配件。

1.2.4 按民族性分类

按民族性分类服装一般分为四种：中国传统的中式服装，欧美国家传统和现行的西式服装，世界各地具有典型民族特点的民族服装和带有地域文化色彩的传统民俗服装。这些服装区别于流行感强烈的都市服装。

1.2.5 按服用材料分类

服装按服用材料大致分为三类：纤维类服装，皮革类服装，橡胶、塑料及其他制品服装。

1.2.6 按国际通用标准（服装流行层次等）分类

（1）普通成衣和高级成衣

所谓成衣是强调服装产品生成过程的一种称谓，指按照一定规格、号型标准批量生产的系列化服装成品，是相对于量体裁衣式的定做和自制的衣服而出现的一个概念。它是20世纪初随着工业化文明的不断进步而出现的服装形式。可以说，凡饰在商场、服装商城、服装连锁店、精品店出售的服饰都是成衣。

成衣作为工业产品，符合批量生产的经济原则，即生产机械化、产品规模系列化、质量标准化、包装统一化，并附有品牌、面料成分、号型、洗涤保养说明等标识。

成衣生产一般是根据不同季节提前3～6个月开始设计，设计要考虑工业化批量生产的可能性与成本核算等因素，然后制成样衣，通过审核确认后，制作工业纸样、推档、排料、裁剪、缝制、出成品，经过成品检验、包装等程序后投放市场。

成衣在流通方式上有高级成衣和普通成衣之分。

普通成衣在法语中称为confection，它的服务对象是普通大众，价位上较为便宜。高级成衣译自法语，英语的对译是ready-to-wear，是指在一定程度上保留或继承了高级定制服装的某些技术，以中产阶级为对象的小批量多品种的高档成衣，是介于高级定制服装和普通成衣之间的一种服装产业。该名称最初用于第二次世界大战后，本来是高级定制服装的副业，到20世纪60年代，由于人们生活方式的转变，高级成衣业蓬勃发展起来，以不可阻挡的气势直逼高级定制服装，业内人士曾惊呼高级定制服装会因此而衰亡。巴黎、米兰等时装中心在每年3月左右举行专门的高级成衣发布会与博览会，以促进其贸易活动。

高级成衣与普通成衣的区别，不仅在于其批量大小、质量高低，关键还在于其设计的个性和品位。因此，国际上的高级成衣大体都是一些设计师品牌。

我国作为世界上最大的服装生产国和消费国，近几年成衣产业有较大的发展，但整体发展很不平衡。广东、上海、江苏等东部沿海地区的产品占据了全国85%以上的市场份额；中西部地区服装产业还非常落后，各企业间的竞争还停留在价格、款式等较低层面上，大多数企业只能靠低水平的加工赚取微薄利润，产品销售以批发市场的大流通为主。目前，中国的两大服装生产和出口基地—长江三角洲和珠江三角洲经过多年蓄势有了较强发展。长三角地区拥有中国国际化程度最高的时装之都—上海，服装品牌有很好的展示空间，国内知名的服装品牌如"杉杉""雅戈尔""法涵诗""庄吉""报喜鸟""培罗蒙"等都集中在长三角地区；宁波、温州等城市厂商请明星做形象代言人，并在内地和香港同步推广，几百万营销大军坐镇全国各地，比一般经销商有更大的品牌影响力和运营持久性；以深圳为代表的珠三角地区以女装制作闻名，有可能成为国际服装名牌的首选制造基地，这里拥有较为成熟的成衣产业。珠三角毗邻香港，香港是世界时装中心之一，在服装设计、品牌创造、流行趋势及服装文化等方面与国际同步，同时珠三角还拥有强大的服装集散能力。随着中国加入WTO以及粤、港、澳三地CEPA的实施，我国的成衣消费将日趋个性化和国际化。

（2）高级定制服装

高级定制服装译自法语 haute couture，我国又称之为高级时装。高级定制服装在西方有严格的规定，它原本特指19世纪中叶在巴黎出现的以上流社会贵妇为消费对象的高价奢侈的女装，现在一般是指以巴黎为中心的欧洲高级时装店中，由著名设计师设计指导、专门裁剪师打板、高级缝纫师制作的单件作品。其风格独特，用料考究，工艺精湛，大部分用手工缝制，完全地量体裁衣，甚至特别针对某个顾客体形定制人台模特，经过几次假缝和试穿，最后制成的服装可以做到与顾客的体态合而为一，堪称艺术品。因此其价格也不是一般人可以承受的，全世界大约只有不到2000人能够成为高级定制服装的买主，这些买主往往是一些皇室、贵族或影视明星。

到目前为止，世界上只有20家左右创造性的高质量手工生产的时装公司，每年1、2月和7、8月他们会在巴黎举办新作发表会。

随着老牌设计师的过世和消费群的缩小，世界上具有原创性的高质量手工生产的时装公司日益减少，其销售额已经不只是依靠时装本身，而更多地依靠香水、服饰品等来支撑，高级时装店往往聘请高级成衣设计师进行设计，高级时装和高级成衣之间的界限越来越模糊。

1.2.7 按设计目的分类

（1）销售型服装

销售型服装首先是商品，要符合商品流通的价值规律。设计要求适销对路、降低成本、工艺符合工业生产化标准，同时要协调好它上市的时间。

（2）发布展示型服装

其目的是为了宣传、预测流行或订货。它主要是时装设计师为创新的设计流派或发布新的创作主题和理念而进行的设计，用于学术性、广告性的时装表演和发布会，对时装界探索新的流行趋势、发现新的人才起着决定性的作用，是设计师新作的公开发表或是意在引导时装流行的预报。各个时装设计师、公司利用它来展示实力、提高知名度、创立名牌、引导和扩大消费。其中订货性发布则侧重于商业目的，设计集中在时装和成衣品种中。

（3）比赛用服装

为推动服饰行业的发展，宣传企业形象或推出优秀设计人才而举行的服装设计比赛而设计的服装。一般分为两类：一是创意型服装设计，二是以实用为主的服装设计。

（4）指定服装

根据用户的需求而设计制作的服装。

1.2.8 按活动场合分类

日常生活中，人们进出不同的活动场合需要穿着不同的服装。因此，服装按活动场合大致可分为以下几类。

（1）社会活动服装

用于婚礼、丧礼、应聘、聚会、访问等场合，对应的服装为正装礼服、正式套装、婚纱等。

（2）都市生活服装

用于上班、逛街、赴约、娱乐等场合，对应的服装为上班装、外出便服、风雨衣等。

（3）轻松休闲服装

用于散步、旅行、健身等场合，对应的服装为休闲便服、运动服、泳装、狩猎装、旅游服、太极拳服等。

（4）家居生活服装

用于做家务、用餐、休息、家人团聚、睡眠等场合，对应的服装为内衣、睡衣、浴袍、居家便服。

1.2.9 按特殊需要分类

（1）运动服

运动服是从事运动时穿的服装，也包括滑雪服、旅游服和轻便休闲服等。运动服应最大限度地满足具体运动项目的要求。这类服装仅靠设计和裁剪的技巧是不够的，必须靠材料来弥补其不足，如选用伸缩性的衣料。服装材料也应考虑能适应各种运动的环境与动作，材料应有保暖性、透气性、耐洗、耐日晒、耐摩擦和牵拉，一般选择棉、毛、麻和化纤混纺或纯纺的针织物，有的用弹性织物。旅游服要求穿着轻便，不易起皱，活动方便，面料宜用坚牢、挺爽、厚实、色泽鲜艳的织物，常用的有纬编织物和经编织物、花呢、仿毛织物等，设计要考虑穿脱容易。成衣轻盈、体积小、携带方便，还应经过防水、防风处理，根据需要可增加辐射热反射层。

（2）专项竞技服

专项竞技服是根据各项运动的特点、比赛规定、运动员体型等因素以及有利于竞技的要求而制作的服装。如登山服应能应付高山容易变化的气象条件，有保护生命的作用。专项竞技服可分两大类：一类是一般运动服装，如背心、短裤、运动鞋等；一类是专用的运动服装，即专门用于某项运动的服装，如击剑金属衣、高尔夫球服、篮球服、足球服、冰球服、登山服等。

（3）行业职业装

行业职业装是工作时所穿的各种服装。有的作为专门的防护服，有的象征某项职业，便于识别。所用材料随要求而定，除了有强度、耐磨性和一般服用性能外，还可能有某些特殊的要求，如防火、防油污等。

（4）军服

军服是国家武装人员穿着的各种衣服。军服在质量、制作、颜色、款式和性能方面都有严格要求，一般应坚牢耐磨、舒适保暖。军服中还有各种特定条件下工作的特殊服装，如用于防火、防水、防尘、防油、防辐射、防毒、电绝缘等。

（5）舞台表演服

舞台表演服是演员在演出中穿用的服装，比较注意舞台效果。舞台表演服选用材料很广泛，根据节目内容和舞台演出的特定需要，常用各种彩色丝绒和金银线进行刺绣加工，以增加色彩。这类服装源于生活服装，但又有别于生活服装，它和化妆是演出活动中最早出现的造型因素。不同的时代、不同的地区具有不同的塑造舞台形象的手法，但总括起来舞台服装应符合下列要求：帮助演员塑造角色形象、有利于演员的表演和活动、设计应力求与全剧的演出风格统一、能满足广大观众的审美要求等。

服装的分类标准还有很多，关键是通过掌握分类标准和服装形态，明确各类服装设计的目的和要求，正确地选择面料、辅料，采取相适应的工艺，有针对性地使用各种设计方法，最终目的是设计出令消费者满意的服装。

1.3　西方设计理念发展简述

设计（design），又称为应用艺术和实用艺术。设计有设想、运筹、计划、意图和预算的意思，广义上是指人们为某种特定目的而进行的创造性活动，或是制作一切实用物品和观赏物品的计划安排。狭义上主要指工业设计的外观形态，如引人注目的外观和流行的式样，并且要求这些安排能够增加产品在市场上的占有率。

究西方艺术史可以发现，古代的设计与纯艺术或工艺品之间没有严格的区分。文艺复兴时代，西欧形成了以建筑技艺为主，结合绘画技艺与雕塑技艺的造型艺术或设计。可以说，设计在当时是作为美术术语出现的，这在西方艺术史与皇家艺术教育学院课程中表现得非常明显。15世纪意大利理论家兰西洛蒂曾把设计和色彩、构图、创意一起称为绘画四要素；到16世纪，西欧逐渐区分开了纯艺术与设计；17世纪，美术史家巴尔迪努奇强调了艺术家的创造观念，设计则成为工匠必须具备的一种能力。

18世纪，造型艺术中的纯艺术逐渐用来特指建筑、雕塑与绘画三个领域的作品和行为，而将其他的造型艺术称为工匠作品、民俗作品或手工艺作品，其中隐含着对手工艺人的贬低和俯视态度。

工业革命以来，欧洲资本主义的机器生产渐渐取代了以手工技术为基础的工场手工业生产，然而由于原始的工业手段和对机械化目的的不明确，批量生产的产品外形简陋，做工粗糙，缺乏传统美感。

19世纪后期，英国美术设计家和社会活动家威廉·莫里斯（William Morris，近代设计运动的开拓者）认为是机械化造成了设计水平下降，而发起了艺术与手工艺运动（art and craft），他致力于传统家具和装饰物的手工生产和制作，与当时的机器大生产抗衡，希望能够通过自己的努力扭转设计的颓败状况。他主张恢复中世纪传统的构思考究、做工精致的手工艺传统，以日本装饰设计为参考，恢复传统设计的水平。他开设了世界上第一家设计事务所，身体力行地进行自己的设计实践，其设计的绕卷花草图案成为现代设计的启蒙。

这场艺术与手工艺运动在西欧的艺术界和设计界引发了多种艺术思潮和运动，新艺术运动就是其中的一个典型。新艺术运动是在1896-1910年间形成流行全欧洲和美国的装饰艺术风格，这种风格采用曲线和非对称性线条，如缠绕的枝芽、波浪的线条和玻璃彩画构成的娇弱花形，大量运用金属、玻璃等材料，多应用于建筑、室内装饰、玻璃图案和书籍插图上（图1-3-1）。新艺术运动反映在服装上则是女装和发型的侧"S"形，为了塑造明显的外形，服装样式图上的淑女们几乎一律前胸高挺，臀部使劲地后翘（图1-3-2）。中国的清宫中曾使用过新艺术运动风格的花边，当时上海的时髦女子也爱着"S"形的晚礼裙。

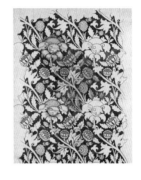

图 1-3-1

图 1-3-2

　　这些设计风格宣扬手工制品的精致，无限怀念古典时期细腻、恬静的情趣，相应思潮最终促进了社会对工业产品造型质量的重视，但也导致了与机器时代不相适应的过分装饰的设计理念的产生。此类设计的重点主要是在金工、漆工、陶工等手工制品表面附加装饰，所以设计的涵义与装饰图案一词很相近，更确切地说，当时的设计只是工艺美术品设计。

　　20世纪初，美国芝加哥学派的中坚人物路易斯·沙利文（Louis H. Sullivan，1856－1924）提出"形式追随功能"。他认为"装饰是精神上的奢侈品，而不是必需品"，沙利文的观点后来由他的学生赖特进一步发挥，成为功能主义的主要依据。

功能主义理论中，完美的设计应考虑的条件是：材料、工具、机械的技术制约，用途和功能的要求，经济价格的比率，传统和流行的要求，现代美感与速度感。这些条件连同造型、明暗、色彩、空间等视觉要素构成了设计家的课题，设计不再仅仅像新艺术时期那样只注重外表图案的设计观念，而开始转向迎合实用和经济的需求。

功能主义对设计的概念产生了重大影响，它否定了繁多的装饰，主张去除多余部分。这样的观念划清了设计与图案之间含混不清的界线，成为20世纪前半叶工业设计思潮的主流，也成为日后德国包豪斯设计学院所信赖的教义。

在此期间，还出现了一种名为装饰艺术（decorative art）的设计风格。装饰艺术设计风格比新艺术运动晚25年左右。它放弃波浪式优雅线条，采取抽象与色彩的简单形式，由曲线和直线、具象和抽象这种相反的要素构成简洁、明快、强调机能性和现代感的样式，直线和几何形显示出对工业化时代与机械生产的积极态度和对功能主义的响应。装饰艺术在黑色与原色上有特殊偏爱，体现了它化繁为简的理念。以简洁、朴素的直线形为特征的20世纪20年代服装样式明显受这种艺术思潮的影响（图1-3-3）。装饰艺术的影响一直持续到20世纪30年代，后来在20世纪60年代末又一次复兴。

图 1-3-3　1928 年的发型

1880 -1930 年被认为是近代设计史上最具活力和最有创造力的时期，纯手工生产的纯艺术（绘画、雕塑）和手工艺逐渐与建筑设计、海报设计或工业产品设计区分开来。西方从此日渐形成了现代的工业设计概念，如注重工业产品的功能，使产品的造型与功能相适应，剔除无用的表面装饰，风格简洁，体现新材料、新技术的美，并符合大工业批量化、标准化的生产方式，等等。

功能主义的设计概念也并非完美的。它要求设计师首先应留意一种产品是如何工作的，然后再注意形态和外观。但这并不意味着，如果一种产品功能很好，它就理所当然地在外观上很贴切舒服。事实上，功能是无法最终确保设计成功的，只能在一定程度上影响产品的形态。"形式追随功能"在 20 世纪 60 年代后被重新审视。

设计是一种时间、空间、速度和现代化的感应。现代的设计概念对设计师的任务提出了相应的要求和限制。设计师肩负着维护企业形象和制定市场营销战略的重任，应起到指导、促进生产和消费的作用，其实践活动需紧随时代的步伐，所设计的产品能够及时或是较超前地反映出社会的消费观念和审美需求，同时也受制于社会消费者。

1.4　现代服装设计

服装设计（Apparel Design），简单地说就是以人体为对象，以面料作素材，塑造出具有自身特色的美的作品，其设计的前提是服装的功能性。

现代服装设计，特别是成衣设计，应当归类于工业产品设计的范畴。服装设计同时也属于流行设计（或时尚设计），涉及科学、技术、艺术等领域和物质、精神诸方面，在当今的人类社会活动中是一项独立的职业。服装设计除了必须具备与一般工业产品设计相同的实用性、审美性和经济性之外，还必须适应人的生理、心理需要，使人、服装、环境协调统一。

服装设计主要针对色彩、造型、材料三个方面进行创新、构思，但一件成功的服装设计作品不应仅仅局限于观者所能看到的色彩与形态，还应包括无法直接看到的表现方法、内部工艺等。若从整体出发，这项工作还涵盖了织物设计、服饰配件（如帽鞋）设计、发型设计、化妆设计等领域，这些元素共同构成了样式和形象的概念。服装设计是件非常繁重的工作，设计者必须把自己立于创作的中心，统筹规划，使整个作品系列达到最完美的效果，仅靠画时装效果图或做衣服就能从事服装设计的想法是非常片面和狭隘的。

1.4.1 服装设计发展简述

人类衣着的社会化是服装设计产生的基础。在漫长的历史进程中，服装设计的内容和形式日趋丰富和完善。

在 6 000 年前，尼罗河流域、印度河流域、黄河流域、幼发拉底河和底格里斯河流域的服装采用麻、棉、丝、毛等材料。中国商代有了着装的等级差别，周代完善了冠服制，并规定了十二章纹的用法，于是服装设计有了等级、礼仪、标识等内容。4 000 年前在希腊克里特岛及其大陆已经有了关于服装设计人员的记载。

16 世纪末至 18 世纪中叶，欧洲的服装设计先后受巴洛克艺术、洛可可艺术的影响，反映了当时的审美情趣。1672 年在巴黎出现第一个定期介绍服装式样的刊物《风流信使》(*Le Mercure Galant*)。1794 年在伦敦出版的《时装画廊》(*Gallery of Fashion*) 刊登了服装设计效果图。19 世纪中叶，西方服装设计的立体造型法传入中国。19 世纪 70 年代，英国开始出现提供女服裁剪纸样的妇女期刊。

以往服装设计师与裁缝师并不易区别，在以往的服装"手艺人"中，虽然不乏巨匠，但由于社会地位的低微而未受到重视，除极少数人外，大多数都不传于世，湮没无闻。20 世纪以后这种情况才有所变化，20 世纪以后西方国家经济增长，人们的生活在衣、食、住、行各方面都发生了巨大的变化，服装业在欧洲等国都有了突飞猛进的发展。在经历了现代设计运动后，明星般耀眼的服装设计大师脱颖而出，他们所推出的新颖设计受到了各阶层人士的普遍欢迎和推崇。

服装设计大师们不是才华横溢的艺术家，就是具有实力的改革者，他们既具备较高的艺术素养，同时也掌握熟练的裁剪和缝制技巧。整个 20 世纪涌现出了一批既肯动脑又能动手、亦文亦武的服装行家。他们熟悉面料的性能、色彩的组配，在线条的处理、整体的塑造上更是得心应手、挥洒自如。他们敢于探索、锲而不舍，在创作上善于捕捉灵感，形成各自的独特风格，后来衍化为不同的流派。由此开始，除了裁缝师的针线功夫之外，服装设计师还需对人体工程学、造型、色彩、织物材料、服装机械生产、服饰品、市场、行销、品味审美、流行等诸多因素具备充分的敏感度和把握能力。最初的服装设计师与裁缝师还有相同之处，那就是都为个人量体裁衣。但随着工业生产和流行因素的渗入，"为个人量体裁衣"的概念慢慢模糊，服装设计更接近于成衣设计。20 世纪上半叶，服装心理学、服装卫生学相继形成，使服装设计的内容趋于丰富。

现代意义上服装设计师的鼻祖是 19 世纪末的巴黎高级女装创始人查尔斯·弗莱里克·沃斯（Charles Fredelrick Worth，1826–1895）。1858 年沃斯和一位瑞典衣料商合伙，在巴黎的和平大街开设了时装店，这是一家集设计、销售、经营于一体的时装店，堪称历史首创。这标志着服装设计摆脱了宫廷沙龙，也跨出了乡间裁缝手工艺的局限，成为一门反映世界变幻的独特艺术。沃斯的妻子玛丽穿着他设计的服装进行表演，设计作品的表现形式从此更加丰富多彩。随着工业革命的兴起，沃斯把服装生产商品化、工业化，巴黎的时装不再以宫廷为楷模，低于皇室的社会阶层服饰也能成为潮流，这是他对服装设计的另一个重要贡献（图 1–4–1 ）。

图 1-4-1

在沃斯之后的 20 世纪，服装百花争艳，随之而来的是众多的服装艺术大师，以他人无法代替的独特创作风格，影响和主宰着西方世界的时装新潮，他们对服装设计产生了极其深远的影响。

20 世纪的第一个十年，保罗·波瓦亥（Paul·Poiret，法国人，1879–1944）在服装结构设计上解放了女性的身体，抛弃了极其损害身心的紧身胸衣和累赘庞大的裙撑，带给西方女性柔软的东方风貌。20 世纪 20 年代，被人们尊称为"服装建筑师"的玛德莱娜·维奥耐（Madeleine Vionnet，法国，1876–1975）与保罗·波瓦亥几乎同时取消了女性的紧身胸衣，而且用她独特的斜裁和立体裁剪的高超技术设计出十分柔和的适合女性体形的女装。20 世纪 30 年代初期，加布里埃勒·夏奈尔（GabrielleChanel，法国，1883–1971）为妇女们设计了中性裤子，第一次使用了粗斜纹棉布作为休闲衣的材料。20 世纪 50 年代，克里斯蒂安·迪奥（Christian Diol，法国，1905–1957）与克利斯托巴尔·巴伦夏加（Christobal Balenciaga，西班牙，1895–1972）给女装以多变、独特但仍然均衡、完美的外廓型，两者各自运用的制作技术非常值得后人研究。

中国的服装设计业于 20 世纪 70 年代末开始兴起。1977 年中国制定服装号型系列标准，1982 年成立中国服装研究设计中心，加强了服装设计的组织领导和科研工作。此后，全国性的服装设计评比会、大奖赛、服装流行趋势发布会、国际性的服装设计学术交流等促进了中国服装设计的发展。20 世纪 90 年代，计算机技术提供的配色、量体、绘制裁剪图等辅助设计开辟了服装设计的新途径。

现代服装设计以人为主体来考虑服装，并为这个主体提供一切最适宜的服务。完美的设计应是工业、商业、科学和艺术高度一体化的产物，是否掌握美的规律，是否从人的角度充分表达，最后构想是否落实到消费者身上，这些是服装设计成败的关键。随着人类社会的发展，服装设计实用、美观和经济的意识日益加深，款式、色彩、材料和装饰等内容也得到了不断丰富。

1.4.2 服装设计程序

（1）接受任务

接受任务是服装设计的第一步。在接到任务后，首先应对任务或主题进行分析讨论，明确目的要求。

（2）收集信息

信息越多越详细，对设计精神的把握就越准确，以后的工作方向和内容都是在这些信息和对信息分析的基础上产生的。如时装流行情况，消费者的喜好倾向，媒体的时尚导向，影视、音乐、绘画、文艺等反映时代的艺术与设计展示活动，社会各方面的信息都可能成为设计的灵感来源。

（3）分析处理信息

结合主题要求和时装流行趋势，对大量繁杂的信息进行分析整理，从中摸索、构建设计框架，使创意与时尚相结合。

（4）理念的确定

根据前期工作结果和设计方向，进行构思，进行设计定位，选出最佳方案。

（5）设计元素的选择定夺

理念仅是一个抽象的概念，实现它首先通过色彩、面料、辅料、形态、款式和配件等元素的选择、组合、创新来接近预期效果，为了采集到合适的素材，还有必要到市场、厂家或相关展览会上寻找。

（6）服装系列化与设计图的绘制

根据设计理念确定出一个基本的服装造型（款式），然后在其基础上画出渐变形，使之生成系列产品。每一幅设计图上都贴上相应的面料和色彩小样，用以选定设计方案，研究服装用料。

（7）样衣的工艺准备

造型款式和面料被确定后，即可进行用坯布试制，其中包括板型的修正、确定和采用正式面料做工艺技术方面的实验。

（8）样衣的正式制作

经设计者确认和审定后，便可以用正式面料制作样衣。

（9）样衣的审查

样衣制作完成后，设计者要对样衣的形式、衣料、加工工艺和装饰辅料等方面进行认真审查。

（10）最后修正

根据设计立意，对效果、样式做最后一次补充和完善。

（11）制作工业样板和技术文件

技术文件包括放码纸样、排料图、定额用料、操作规程等。

（12）设计成果展现

需要注意的是，设计最重要的是创造力和市场把握力，了解服装设计步骤只是为了能在这种较为科学合理的安排下顺利开展工作，把握工作进程，而不要认为服装设计的学习就是程序训练，这种做法必然是简单教条的，脱离了设计的意义。

1.4.3 服装设计原则

服装设计原则是指服装设计所遵循的基本规范，泛指实用、美观、经济三个基本原则。评价服装设计的优劣，可以从如下三方面是否完美结合来判断。

（1）实用原则

绝大部分的服装都具有一定的实用功能。面料和辅料之间的配伍性、新颖性、合理性是保障服装品质的关键所在，塑造出造型的同时要选择适当的材料。蔽体、贮物、防水、防火等功能是根据服装的不同需要而设定的，服装设计必须合乎功能及结构的合理性，以满足人对材料的舒适性和方便性的客观要求。

实用的原则通常表现在服装设计目标和穿着效果两方面。

①服装设计目标。

服装设计目标又可以称为设计定位，其中包括六大要素，具体如下：

何时穿着（When to wear）。一般分两种情况：一是指穿着的季节，即春夏秋冬；二是指一天中的白天或夜晚，白天有晨礼服、午后礼服，晚上有晚礼服。

何地穿着（Where to wear）。主要是指场地和环境，比如办公室、舞厅、工地、饭店、百货公司等，环境主要是指地理环境，如南方、北方。

何人穿着（Who to wear）。由于每个人生活态度、文化修养、气质特征、社会地位、职业范围以及经济条件的不同，对服装的要求就不一样了。

为何穿着（Why to wear）。穿着的目的和用途不同，在大多数公开场合下，服装并不是为自己穿的，而是希望通过服装得到别人的认可，以满足被认同、接纳的心理需要，这自然使得对服装的要求不一样，如在赴约、接待、应聘、见面会等场合，在穿着上就要分别对待。

穿何服装（What to wear）。即设计品，指西服套装、礼服裙装、衬衫、T恤衫等。

价格（Price How much）。价格的制定是基于购买服装的消费者层次。在美国的服装界，分为高级时装、设计师服装、中上价服装、高档运动服、低价服装。无论是哪个档次的服装或饰品，其成本都应根据面料、饰品、结构以及适用的场合而定，而成本又是服装企业制定产品价格的主要依据。

②穿着效果。

服装着于人体后所具有的和体现出的"人—服装"的综合功能也十分重要。由服装本身的功能和服装着于人体后所发挥出的功用组成可概括为以下几点。

保护身体。穿服装以防御自然环境对人体的伤害；美化形象，通过服装的款式、色彩、材料、肌理和装饰等使着装人增加美感。

遮羞掩愧。凭借服装来弥补身体缺陷或不宜裸露部位，以适应人类文明意识和道德规范。

表现个性。用服装表现国家、民族、政治、经济、思想、文化、信仰、风俗、地区、气候等特性，也表现性别、个人的爱好、兴趣以及身份、职业等。

益于社交。穿着适宜的服装参加社交礼仪活动，体现着装者的风度、气质、心意和文化修养等。

（2）美观原则

美观原则指服装的综合美，是服装美的具体体现。设计是一项创造性工作，它在高完成度的基础上传达出代表作者个性的独特构思和新颖创意。除此之外，也应随时观察、把握时代与受众对美感的要求，亦即流行元素和传统元素构成的美。

服装的综合美可概括为以下四个方面。

①个性美：服装与着装人的性格、风度、爱好、志趣产生的美。

②流行美：服装与着装人迎合时代精神和社会风尚产生的美。

③内在美：服装与人的心灵、气质融合产生的美。

④外在美：直接表露在外的美。

此外，还包括在上述四个方面作用下产生的美，如服装与身体形成的姿态美；服装的结构线条与体型形成的构成美；材料品质、组织、肌理形成的材质美；服装颜色与肤色形成的色彩美；造型、款式、纹样等产生的艺术美；工艺、技术等产生的技巧美；佩饰、配件衬托的装饰美；服装与帽、手套、鞋、袜穿戴物品形成的整体美；服装与人的长相及修饰打扮产生的化妆美；服装的功能与人的工作、环境、条件、工具、对象相适应的实用美。

（3）经济原则

经济原则主要指以最小的消费完成最大效果，节约人力和材料的开支，还要有效掌握时间。经济原则的主要要求是：

①节约资源：用较少的人力、物力、财力、时间、空间等，设计生产出理想的量多质好的服装，即投入少、产出多，获最佳效益。

②力争设计完美：把一切影响产品和效益的问题尽可能在设计中予以解决，获得最佳设计效果。

③降低成本：使服装的成本、售价适应消费者购买力水平，符合消费者的心理价值，提高产品信誉和竞争能力。

总之，服装设计者要深入认识和掌握服装艺术独特的表现规律，体会独特的审美趣味，领略研究其他艺术的精华，培养艺术家的眼光和境界，才能够设计出好的作品来。

1.5　时尚与时装

1.5.1　时尚

时尚（fashion），是指在一个时期内相当多的人对特定的样式、观念、趣味、语言、思想和行为等各种模式和榜样进行跟随和追求，它是一种非常规行为方式的流行现象。时尚的传播、普及和发展所依靠的主要手段是流行，两者的关系非常紧密，失去一方另一方便不能成立。两者都属于一种普遍的社会心理现象，因此在生活中，人们往往会混用时尚与流行两个概念。

社会物质生活条件的丰裕或相对丰裕是时尚出现的最基本前提，生活窘迫者根本无暇顾及时尚。所以从古到今，经济发达、物质充裕的国家或地区一直都引领时尚，古代中国、古希腊、文艺复兴时代的意大利、18 世纪后的法国以及当代美国，都曾是公认的流行生活与时尚行为的发源地，它们左右了周边国家甚至整个世界的时尚潮流，这跟当地经济的繁荣密切相关。

时尚有积极和消极两方面的作用。其积极的方面是：可以满足人们的需要，消除抑郁、焦虑，维持心理平衡；可促进社会不断出现新事物、新观念，从而促进社会进步，使社会保持良好秩序和活力。

每个人对时尚的心理动机是不同的，大致分为时尚的引领者和跟风者两类。时尚潮流的引领者通常是社会上层人士或知名公众人物，为了立异于旁人，显示自己的独特，他们总是千方百计地表现出差别、体现个性，对时尚现象特别敏感，并根据自身对公众的影响力起到倡导时尚的作用；时尚跟风者则极力地效仿引领者的一招一式，认为人们趋之若鹜的事物或行为就是时尚，唯恐造成自己在他人面前麻木落后的形象，因此热衷于追随时尚，但属于被动模仿型。一般虚荣心、好胜心强的人，对流行更敏感，易追求时尚。

总的来说，人们参与时尚大致有以下几种目的：要求提高自己的社会地位、获得他人的注目与关心、显示自己的独特性、寻求新事物的刺激、自我防御等。时尚的实现能给参与者一种刺激，这种刺激可以满足他们某些心理需要。

时尚涉及社会生活各个领域。首先体现在生活风格上，涉及服饰、语言、休闲方式、生活态度和社会交往的诸多层面。二十世纪六七十年代西方消极、颓废情绪的嬉皮士风格在服饰、发型等方面对应的是标新立异，男的留长发、穿花衣服、喇叭裤，穿拖鞋；女的剪短发、穿超短裙、着比基尼泳装；牛仔裤则是男女皆宜的穿着。时尚流行还需有一个对新技术、新思想宽容与尊重的社会环境，发达的传播媒介、健全的商业网络及权威人士的参与，能够扩大流行范围并加快流行速度。

时尚中有一种"狂热"现象，英语称为"fad"，是一种过分热衷的追求表现。它经历时间短暂，来去匆匆，热得快，冷得也快，形式往往较为夸张或前卫，甚至有些惊世骇俗。在狂热中，消费者往往为追逐时髦一哄而上，但很快产品本身的不切实际或其他致命的缺陷会使消费者的热度一下子跌落得无影无踪。20世纪30年代的上海，曾有一些人提倡户外裸体运动，尽管喧闹一时，但仅是昙花一现；20世纪80年代在中国香港流行的"乞丐装"，看上去破破烂烂却价格不菲，上市数周后即无人问津。这两个都是狂热的典型例子。有些狂热第一次问世不为世人接受，草草收场，但时过境迁后却有了意外的变化。如比基尼泳装，1946年被两位法国时装设计师雅克·埃姆（JacquesHeim）和路易斯·里尔德（Louis Reard）首次推出，仅热闹一时，直到六七十年代它才随着嬉皮士风重新复出，在世界上广泛流行起来。

在很多人看来，中国人时尚观念的复苏开始于改革开放，喇叭裤、蝙蝠衫、健美裤、连衣裙逐渐流行全国。随着政治、经济的不断对外开放，20世纪80年代西方文化和中国港台时尚迅速进入内陆，向内陆传递最新的潮流信息，人们的消费观念逐渐走向了一个极端，这个时期，国外名牌大量涌入，国内企业也大力宣传名牌，导致品牌导向的消费习惯日渐风靡，人们热衷于追求名牌，因而穿名牌服装、戴昂贵首饰等跟风现象极为严重，也出现了相当多的假冒名牌产品。进入 21 世纪，人们对着装追求已经转向个性化、多元化，服装成为展现个性魅力的一种方式，人们不再简单盲目地追随品牌和流行，而是依照个人喜好和场合需要来选择适合自己的时尚装扮。

1.5.2　时装

"时装"是在时尚流行中产生的，通常与"时尚""流行"并行提出，比"服装"更强调时节流转所带来的款式风格的新异变化，是在一定时间、空间内为相当一部分人所接受的新颖入时的流行服装。时装有时需要用新品种面料加工，对色彩、花形要求较高，缝纫制作和织物的生产都讲究及时。时装从倡导到传播，不断循环、更新，其周期短，变化快，往往每隔若干年就会出现一种典型的服装样式，形成一时的风尚。

时装的美丑也有很强的时间性，一种样式在今天被视为美丽入时，明天就可能被人们作为难看的陈旧之物弃之一边。美国时装历史学家詹姆斯·莱佛（James Laver）在《趣味与时尚》（*In Taste and Fashion*）一书中，设计了一个"莱佛定律"，来记录人们对于同一种服装样式在不同时期的反应：

穿先进 10 年的服饰：猥亵，无礼；

穿先进 5 年的服饰：无耻；

穿先进 1 年的服饰：大胆；

穿时下流行的服饰：漂亮，时髦；

穿 1 年前流行的服饰：过时；

穿 10 年前流行的服饰：丑陋，可怕；

穿 20 年前流行的服饰：滑稽，可笑；

穿 30 年前流行的服饰：好玩，有趣；

穿 50 年前流行的服饰：古怪；

穿 70 年前流行的服饰：妩媚，迷人，古雅；

穿 100 年前流行的服饰：浪漫；

穿 150 年前流行的服饰：美丽，绝妙。

这一系列既幽默又睿智的话语对时装经营者和设计者是一种警示，时装的投产有一定的风险，把握恰当的时间是关键之举，设计和生产者要有充分的预见性，只有既不过于超前也不过于滞后的服装样式，才能在现代时装市场中受到大多数时尚男女的推崇。

1. 时装的概念和形成

时装的概念始于古代欧洲宫廷。17 世纪初，西欧宫廷服装设计师按照时令季节、礼仪场合的不同为国王后妃、达官显贵设计各种新款服装，形成宫廷内时新服装的模仿流行。17 世纪 30 年代，法国各阶层在宫廷服装影响下，兴起追求时新服装的风尚，时装开始由宫廷走向社会。1672 年，法国路易十四宫廷创刊了时装杂志《宫廷消息》，通过它来传播最时髦的样式。18 世纪法国宫廷贵妇们经常主持时装"沙龙"，从而奠定了时装发展的基础。

中国古代也出现过时装流行的现象。《韩非子·外储说左上》中记载"齐桓公好服紫，一国尽服紫"，《后汉书·卷五四》中出现"城中好大袖，四方全匹帛"，南北朝时期，梁朝的徐君蒨在《初春携内人行戏》中有"梳饰多今世，衣着一时新"，唐代有"时衣""时服""时世妆"的描述，如白居易的诗作《时世妆》中就有"时世妆，时世妆，出自城中传四方"。

300 多年前的时装属于贵族文化，其接受者都是社会上层少数的宫廷贵族和王室成员，时尚中心是宫廷，而现代时装具有了大众文化的特征，并成为大众文化的重要组成部分。

19 世纪，英国服装设计师沃斯在巴黎从事高级定制服的设计与经营，并首创服装表演。同一时期，一些服装评论家开展了关于时装和流行概念的讨论，现代时装的概念逐步形成。20 世纪，保罗·波瓦亥率领服装模特儿访问欧美，揭开了国际"流行使节"时代的序幕。1914 年香奈儿发表了经典的香奈儿套装，1947 年克里斯蒂安·迪奥发表新外观女裙（new look）以及其他名设计师的时装创作，极大地推动了时装的设计和创新。在这之前的时装大都是女装，直到 20世纪 60 年代日本男装协会提出 TPO（时间 Time、地点 Place、场合 Occasion）概念和美国人倡导"孔雀革命"（以雄性孔雀开屏比喻男装时装化）之后，时装扩展至了男装，现代时装业也从此逐步兴起。

现代商业中，对流行感和时代感的准确把握是从事时装行业人士必备的专业素质和技巧。

2. 时装流行特征

（1）入时性：人们对新出现的流行总感到新奇。

（2）突出个性：人们往往认为流行是突出个人特点的一种表现。

（3）消费性：讲究流行是对财富的一种享受和消费。

（4）周期性：流行从形成到消失的时间较短，但在消失之后的若干时期，又会周而复始地出现。

（5）选择性：流行可由人们自由选择，不具有强制力。

3. 时装流行方式

时装流行方式一般有三种。

（1）由上向下流行

时装由社会上层人物穿着开始，广大公众模仿追随。20 世纪以前时装的传播大多属于这一类，现在较少出现这种流行方式。

（2）平行流行

进入 20 世纪以后由对上层的仿效追随，变为大众之间的模仿，如对社会名流、演员、歌星等穿着打扮的模仿。

（3）由下向上流行

20 世纪 60 年代以后，出现了广大公众流行的穿着打扮向社会高层传播的方式。

时尚并不能保证原汁原味地流行到每个角落，人们的模仿和对时尚的不同理解会离创造时尚者的原意越来越远，时空的距离越大，时尚变形得越厉害。例如，20 世纪 80 年代的宽肩女套装到最后已经使相当多的女性如同在肩上横加了一根扁担，而不管身高是否会因此显得低矮，也不管款式使用宽垫肩是否显得突兀，这样的现象恐怕连当初的设计师都要吃惊了，原本英姿飒爽的动人时装已是面目全非了。

4. 时装流行周期

从一种流行时装的发展来看，由流行到衰落过程形成的周期通常有三个阶段，如图 1-5-1。

（1）上升期（或称导入期）

这一时期出现的时装是潮流的先驱，常为追求时新服饰的少数人所采用。

（2）高峰期（或称追随期）

导入期出现的时装由为少数人所接受变为众多消费者所接受，达到流行高峰。

（3）下降期（或称衰退期）

原流行时装逐渐为新的流行时装取代，本周期的流行过程逐渐完结和消失。

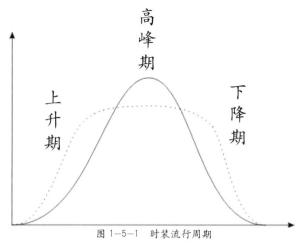

图 1-5-1 时装流行周期

　　古代时装流行的更替几乎是以世纪来计算的。19 世纪后半叶到 20 世纪初，时装风貌的变迁变成了 5 年至 25 年一循环，而现在，周期已大大缩短，每年服装上都会有新的时尚元素产生。

5. 时装流行预测

　　时装流行预测，即对时装未来流行变化的估计。预测成果的公布称为发布流行趋势。由于多种因素、作用的影响，时装接受的程度与范围有大有小，流行周期有长有短。时装的流行也会出现不可控或不规则状况，对它做到完全的预测是很困难的，所以，能预测的只是一般趋势。时尚是循着极端而变的，时装的围度宽到极端将导致紧小的出现，小到极端就会回到宽松；在色彩上，素淡到极端就会鲜艳，而鲜艳到极端又会回至素淡。

　　世界一些著名的服装团体，如法国时装工业协调委员会、德国的国际面料博览会以及国际羊毛局等，一般每年分两次发布 18 个月以后的流行趋势。中国服装研究设计中心和《中国服装》杂志社自 1986 年起分春夏、秋冬两期发布中国服装流行趋势。

　　时尚是永远都变动不停的，一时的典范只是对人们心理短暂的、相对的满足，求新、求异的本能促使时尚引领者和跟风者们在社会生活中竞争、追逐、模仿，这决定了时尚永远都是不稳定的。第二次世界大战后的时尚受到了现代社会中诸多因素的影响，如迅猛发展的科学技术、物质财富的普遍增加，交通、通讯手段的极大改善和人们之间的交流日益方便，这一切日新月异的变化都以各种形式造就着不同的时尚，包括变化多端的时装在内。

　　法国小说家、文学评论家阿纳托尔·法朗士（Anatole France）说过，"假如我死后百年，还能在书林中挑选，你猜我会选什么？我既不选小说，也不选类似小说的史籍。朋友，我将毫不迟疑地只取一本时装杂志，看看我身后一世纪的妇女服饰，它能给我显示未来的人类文明，比一切哲学家、小说家、预言家能告诉我的都多。"在社会经济生活的变革时期，或其他意识形态文化的冲击下，时装会以最快的速度和最迥异的面貌如实反映现实状况，时装正是一个时代所有其他艺术形式以及社会文明发展形态的集合体。

练习与思考

学习本章，学生应该能够：

1. 认识到建立独立设计理念的重要性。

2. 通过几种有效途径获取并分析整理出有用的时尚信息。

3. 从对各种资料的研究中逐步提炼出具有特色的设计观点。

4. 多角度、多手法地表现自己的设计理念。

5. 描述几位服装设计大师的设计特色，分析其设计理念。

第 2 章　设计理念的建立

现代服装是具有概念的设计商品，服装设计首先应具备清晰、有特色的现代意识或现代理念，它是服装设计的内在灵魂，形式、色彩、面料、配件等的研究都是为了使理念现实化，是一种外在的表现，这两者共同构成服装设计的实际内容。

英国图形大师艾伦·弗莱彻（Alan Fletcher，1931- ）十分强调设计意念的重要性，他认为他的工作是以设计为基础来探索一种理念的创造。他说"在设计中除了理念，其他所要做的就只不过是设置和涂抹罢了。有时将某种色块组合在一起能够形成一个理念，但每件作品必须体现自己的独特理念，否则就如一个蹩脚的小说作者在试图写一本空洞无物的书，使人看起来味同嚼蜡。"这番话对于现代服装设计来说也同样适用。

从深层意义上来说，属于现代设计大类的服装设计其实也是在设计人们的部分生活形态和反映一种精神意识。离开当今人们的思想状态去空谈色彩和形态的设计只会是空中楼阁，理念的匮乏和含糊，将无法引导、策划接下来的工作，更不要说设计出外形清晰有力、风格独特、吸引人的服装。因此，服装设计的基础应扎根于现代理念的创立。

从消费者的角度来看，大众购买服装时，不仅是购置几件与旧衣有所不同的生活用品，更多是在接纳和认同设计师创作理念。品牌的追随者执著的是设计构思与个人风格的切合点以及新颖的美感，所以说，具备创新和独特的设计理念也是消费者的需要。

说起来简单做起来没那么容易。在实际工作中，设计师会不自觉地把自己的思想圈进老套路中，难以突破旧有的习惯和观念。所以很多设计公司会在院校的学生中寻找独特的思维和想法，就是希望以新角度来形成具备个性的设计理念。但设计也切忌想法泛滥和创意过多，互相之间毫无联系，纷繁复杂，各种元素一拥而上，杂乱无章。再好的创意无端堆叠在一起的结果便是累赘拖沓，好似凌乱得叫人不知该从何处下手整理的工作室。

设计理念确定后，以后的设计工作内容的基调就定下了，一切要素的设计都是围绕这个基调进行的，设计者不宜随意更改。往往在服装制作过程中设计者会受到其他因素的影响有改变初衷的想法，但要特别注意的是，过于随意的改变极有可能导致整个设计前功尽弃。而对于服装设计而言，时间是有限的，设计师是不能因为一个突然而至的愿望就任意延长工作日程的。所以设计理念的选择和确定至关重要，必须要深思熟虑，在有限的期限内反复斟酌而定。

2.1　信息资料的来源

好的创意并不是凭空而起的，它是建立在设计师前期对大量、有效的资料进行搜集、积累、研究的基础上的。同时，服装设计是个讲究时间和流行的工作，每季的设计主题和样式都在不断变化。因此，设计者不能寄希望于"临时抱佛脚"，而要在平时就留意来自各方面的动向，经常性地收集多种有意义的信息，并且还要对信息进行整理、分析和研究，根据结果归纳构建出完整的理念体系。所要获取的信息应该与服装设计、服装业以及相关领域有关，也可直接与造型、色彩、材质等有紧密联系。信息库的丰富是理念建立的第一步，信息量越多越新鲜越有价值，就越有助于理念的建立。

信息搜集的途径大体可分为两种：一是直接信息源，一般单指服装服饰领域内的流行时尚。二是间接信息源，指的是服装领域之外的方面，一般指社会、经济等大环境的变动，如流行背后的意识流和人文背景等。

2.1.1　直接信息源

1. 知名品牌、设计师的时装发布会

巴黎、伦敦、纽约、米兰、东京等时尚发源地每年都定期进行下一季时装的发布会，一般采用现场模特儿动态展示，从这些展示中可以获得知名设计师的原创构思，以及新品种的服饰材料的运用情况。

2. 权威机构的流行研究发布

国内外一些具有世界权威性的信息公司和纺织公司专门有进行色彩、纱线及面料的流行趋势研究工作，并在流行预测杂志和各种博览会上发布，这样的信息不直接与服装有关，但在色彩与材料的选用上能够起到一定程度的指引作用，设计师可以借鉴参考。

3. 国内外流行情报导向

有关时尚的杂志、报纸、电视、影像光碟等传播媒体时刻都紧跟在流行之后，捕捉时尚万变的踪影。通过这样的渠道，可以轻易获得最时髦的生活和服装的样式。

但是媒体上的时尚带有对大众的引导意义，并不能完全反映现实中正在涌动的时尚潮流。要真正了解人们的想法，还要走出设计室，到繁忙的大街上搜索实际生活中流行的元素。

4. 当前的商场和街头时尚的动向

设计师要有艺术气质，要有创新的悟性，但最基本的是要时时与市场挂钩，有对产品的相对熟悉和对消费者的准确了解。没有顾客光顾的设计是失败的，服装最终还是商品，再好的设计理念如果只能被狭小的设计圈接受是远远不够的，而要被顾客承认接纳才能实现其真正价值。设计师必须有多方面的素质，但了解市场是最基础、最重要的。

各种功用的商业街市和公众场所是做市场调查的好地方，借此可以了解不同阶层人群对时髦的最新理解和设计的要求。商场货架上展示的服装、饰品是服装企业和商家经过周密的营销思考后所作出的决定。对商业市场的调查，可以获得各个品牌所涉及的消费群的消费倾向和消费喜好等相关信息，诸如消费者感兴趣的色彩、纹样、面料、款式、装饰、风格、价位等，把这些信息收集起来仔细分析，对于设计理念在市场方面的完善非常有帮助。

市场调查是对消费群的调查。通过市场调查能了解各种人群对服装这种生活必需品的现实要求，再把这些信息仔细整理、分类组合后，形成清晰的目标消费群的特征。一般调查项目有：性别、年龄、职业、嗜好、个性、生活方式、流行概念及消费水平等。

2.1.2 间接信息源

服装设计经常从各种艺术形式中获取灵感，如影视艺术、传统绘画、图形纹样、摄影、建筑造型、音乐旋律等。这些作品反映着人们某种特定的情绪，如抒情音乐旋律给人以甜美、舒心的感觉，这种感觉应用到服装设计上也别有一番情趣。借这种主题可以反映设计师对世界的认识和理解，服装起到了沟通作者与观者之间情感联系的作用。设计时只需借鉴其深刻内涵或意境，而不应生搬硬套，表达方式和表现手段还是要转化成服装设计的专业语言。

服装设计还常常和政治风云、文艺体育、艺术思潮发生联系，例如艺术思潮中的优秀作品就会对服饰流行产生影响。在此，伊夫·圣·洛朗（Yves Saint Lauren）堪称典范。圣·洛朗在1979–1980年秋冬时装发布会上推出"毕加索云纹晚装服"，在裙腰以下大胆运用绿、黄、蓝、紫、黑等色彩对比强烈的缎子，在大红背景下进行镶衲，构成多变的涡形"云纹"。他还从著名冷抽象画家蒙得里安的作品中汲取灵感，鲜明强烈的色块组成横竖规矩的几何造型，透出一股内在的热情，具有很大诱惑力，对当代的建筑设计、室内用品设计都产生了重要影响（图2-1-1、图2-1-2）。在此之后，圣·洛朗又推出幽默的"波普艺术"系列，使时装艺术与当时的绘画新潮同步，圣·洛朗的创作可以说是在服装上利用艺术作品的成功范例。

图 2-1-1 1965 年圣·洛朗设计的冷抽象系列之一

图 2-1-2 1966 年圣·洛朗设计的波普系列之一

  设计与艺术一样能够传达作者的个人意识，但相对于艺术，设计又有很大的局限性，即不能过于渲染主观意识而无视他人的感受，因为设计要解决的是他人的问题，设计的目的不是产品而是人。设计美与艺术美属于不同层面的美，艺术的美属精神层面，无需考虑经济、科学和功能性（图 2-1-3），而设计美必须要有实用价值存在，这是设计与艺术在主客观创造上的最大不同，设计需要与受众产生共鸣。

图 2-1-3　艺术美

　　服装设计与其他设计行业之间是相通的。设计者应当学会从其他设计的构思中借鉴参考，触类旁通，获取代表当代审美趋势的最新创意，切不可自封耳目，闭门造车。例如，20世纪初，以欧洲为中心的新艺术运动思想强调曲线在造型艺术中的审美地位，将富于弹性的曲线美感广泛应用于造型物之中。基于这种思潮，服装产生了突出女性胸臀的"侧S形造型"，以示对新艺术的回应。

　　中国在"文化大革命"这个历史时期，服装设计单一贫瘠，放眼皆是一统全国的蓝黑灰和单一的款式。但大众的爱美之心仍然催生了当时最时髦的款式——军装。在绿色的军服外束上皮带，或把军服改得合身一些，半遮半掩地突出一点优美的体型线条。

　　社会生活是时尚和服装样式产生的根基，并不因某人或是某机构个别的喜好而改变。设计者除了从专业领域了解时尚信息外，还要学会深入广泛地探索与服装相关的其他领域的成果，包括最新的设计观念、前人的创意、流行文化、人文意识、异域风尚、政治经济环境、世人关心的话题等，从身边搜索，捕获即将兴起的时尚痕迹。这些工作有助于使自身的设计保持前沿性，不被纷杂的时尚信息牵着鼻子走。对周围世界中所发生事物的敏捷反应能力、准确的分析预测能力和恰当利用信息的能力是服装设计从业者应必备的基本素质。

2.2 构思的多种途径

2.2.1 从意境、感受方面构思

大自然中的美的事物不计其数，大到山川、森林、海洋、天体、宇宙，小到贝壳、礁石、花草、鱼虫、飞禽、斑驳的光影、朦胧的晨雾、绚烂的红霞，感受中的欢乐、甜美、温柔、刚毅等，能够引起人深刻的感观享受的一切都可以成为启发构思的来源，都可以用服装造型艺术特有的手法来表现缤纷多彩的韵味，以特有的魅力感染观众。

2.2.2 从材质方面构思

各种材料质地特性的差异形成了不同的肌理，再加上加工手段不同，会使材料给人以某种特定的感觉。材料间不同的配置对比，也会产生不同的审美形式，引发不同的联想。有时材料偶然形成的结构效果也能触发灵感。设计者要抓住这种感觉进行提炼，升华为带有材料物质美感的构思主题。

现代派艺术家对创作材料的实验探索，使众多服装设计师们跃跃欲试，玻璃、金属制品等原来不可能使用的材料都曾作为新品被大胆运用于服装设计中。

2.2.3 从形态结构方面构思

自然物的造型、建筑内部结构、异域的服装款式都可以给设计者在形态结构方面带来灵感。

20世纪70年代，以三宅一生、山本耀司和高田贤三为代表的日本设计师推出了带有浓郁东洋风格的服装，震撼了西方时尚舞台，也使西方服装长期的贴体造型转向了东方的松身造型（图2-2-1）。

图 2-2-1 三宅一生作品

英国设计师约翰·加利亚诺（John Galiano，1960 年出生于西班牙）分别在
1997 年秋和 1999 年春的迪奥高级成衣秀上展示了两场精致的女装秀，都是把中
国的服装造型作为他的设计元素。前者是 20 世纪 20 年代旧上海女子造型，高开
衩的旗袍，红脸颊配细眉；后者是中国军服式的帽子和臂章，还有不可缺少的中
式立领。两场时装表演均在设计界引起轰动。

2.2.4　从色彩、纹样方面构思

20 世纪初是西方世界对外扩张的时期。1909 年到 1914 年的法国时装界，设
计师们大多运用了中东、远东的服装元素进行创作，这些色彩亮丽、图案妖娆、
风格旖旎的服装在当时的欧洲风靡一时。这一时尚在最近几年又开始复苏，近年
来服装设计在样式上变化不大，但民族风格中的艳丽色彩和装饰纹样却在时尚中
被不断运用，不断翻新。

我国是一个多民族的国家，民族服饰和民间艺术中色彩和纹样具有强烈的特
色，以不同方式反映着浓郁的风土人情和精神面貌，如此丰厚的服饰资源是设计
者不可多得的财富。然而，大堆的资料书籍和辛苦的研究工作不一定每次都能给
设计者带来震撼与触动。设计者有时会觉得好像守着博物馆，却也拿不出半个主
意，反而陷于各式各样的资料中，茫然不知所措，这种情况的发生很可能是因为
设计者的思维空间没有充分展开，而只限于常规的或常用的思考方式，不能跳脱
自己设置的圈子，缺少灵光一闪的创意。

服装设计是一种特殊的艺术创作。创作需要灵感，没有灵感并不是由于缺乏
令人振奋、心动的事物，而是没有从司空见惯的东西中发现美。法国艺术家罗丹
说过，"所谓大师，就是这样的人，他们用自己的眼睛看别人见过的东西，在别
人司空见惯的东西上能发现出美来。"其实，设计构思与创意来源很多很广，就
在每个设计者身边，关键在于如何用一种新颖的、与众不同的方式去发现、去理
解，艺术家灵感的到来正是得益于他们强烈的创新欲望和独到的思维方式，然后
才能够借助娴熟的技巧化腐朽为神奇，从平凡中创作出令人感叹、蕴意不俗的作
品，而他们所采用的题材却可能只是在现实生活中常见的一个图案、一束鲜花、
一片风景或一桩事件之类。

艺术家们的行为实质是破除了普遍存在于思维活动中的心理定势。心理定势
是用以往的经验、习惯来解释和认识眼前的事物，而设计师要做的就是改变这种
不利于创新的惯性，用创造性的思维模式来解决设计中的问题。

独立性思维是形成个人设计理念的前提条件，"人云亦云"的依赖性思维是
不可能产生属于自己的观点的。服装设计由于受到流行的影响，难免在某些地方
会与他人的想法恰好相同，但这不等于就可以抄袭剽窃，服装设计应当是建立在
自己计划之上的慎重选择和深入思考，设计元素应始终能够反映作者的个人观念
和个性特点。

总之，信息的收集和分析、其他领域的灵感获取、创作思维方式的改变，这些因素固然重要，然而也未必就能轻松成就一个绝妙的设计构思，任何一种创新都是来之不易的，没有持久的耐力是不可能获得的。另外，完美的设计理念还需要色彩、材质、形式、结构等来将之现实化，而不仅仅只是漂浮在脑海中把这些元素的有机组合才能最终体现设计理念。

第3章 服装色彩设计

俗话说"远看色，近看花"，色彩鲜明、强烈的服装给人以"先色夺人"的第一印象。因此，色彩是服装构成的重要因素，它使我们的服饰世界五彩缤纷，生机勃勃。服装的色彩展示穿着者的个性和审美往往会成为观赏者的第一印象。服装色彩虽然以色彩学的基本原理为基础，但它毕竟不是纯粹的造型艺术作品，与服装的款式、面料相同，服装色彩具有自己独特的功能。

服装色彩的实用功能是在追求形式美感的同时，又兼顾人体、服装等方面的实用性因素。例如，迷彩服与所在地区的环境色彩一致，可以起到不被对方发现、隐藏自身的作用，这说明服装色彩具有掩蔽的实用性功能；睡衣采用淡雅、舒适的淡灰色，可以消除、缓解紧张情绪。服装色彩的装饰功能是显而易见的，它不仅是服装构成的重要因素，也是影响服装风格的重要因素。

3.1 色彩的基础知识

颜色是因为光的折射而产生的，红、黄、蓝是光的三原色，其他的色彩都可以用这种色彩调和而成。颜色分无彩色系和彩色系两类。无彩色系是指黑、白、灰系统色，彩色系是指除了无彩色以外的所有色彩，如红、黄、蓝等。具备光谱上的某种或某些色相，统称为彩调，而无彩色系是没有彩调的。任何色彩都有饱和度和透明度的属性，属性的变化产生不同的色相，所以至少可以制作几百万种色彩。这些属性可以归结为色彩的三属性：色相、明度、纯度。

3.1.1 色相

色相不等于色调。色相是指颜色的基本相貌，它是颜色彼此区别的最主要、最基本的特征，它表示颜色质的区别。例如红、绿、黄、蓝都是不同的色相。

日本色研配色体系 PCCS（Practical color coordinate system）针对色相制作了较规则的统一名称和符号。其中红、橙、黄、绿、蓝、紫，指的是其"正"色，在各色中间加插一两个中间色，其头尾色相按光谱顺序为：红、橙红、橙黄、黄、黄绿、绿、青绿、蓝绿、蓝、蓝紫、紫、紫红，可制出 12 种基本色相的色相环，色环的两端是暖色和冷色，当中是中性色（图 3-1-1）。

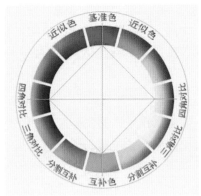

图 3-1-1

这 12 色相的彩调变化,在光谱色感上是均匀的,如果进一步再找出其中间色,便可以得到 24 个色相。在色相环的圆圈里,各彩调按不同角度排列,则十二色相环每一色相间距为 30;二十四色相环每一色相间距为 15。

日本以这样的方式来划分并定色名,显然是和孟塞尔的十色相、二十色相配合的。孟塞尔系统以红、黄、绿、蓝、紫五色为基本色,因此 PCCS 制的二十四色也归为十类(图 3-1-2)。

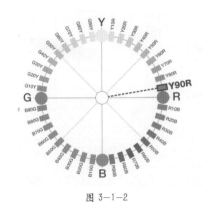

图 3-1-2

3.1.2 明度

明度是指颜色的明暗程度,是从感觉上来说明颜色性质的,亦称为亮度、深浅度、明暗度或层次。我们一般把明度分成从黑(BK)到白(W)的强度等级,黑白之间是一系列的灰(图 3-1-3),色彩的明暗变化是十分重要的,一个画面只有颜色而没有深浅的变化,就显得呆板,不生动,缺乏立体感,从而失去真实性。因此,明度是表达彩色画面立体空间关系和细微层次变化的重要特征。

图 3-1-3

日本色研配色体系(PCCS)用 9 级表示明暗,孟塞尔则用 11 级来表示,两者都是用一连串数字表示明度的速增。物体表面的明度和它表面的反射率有关,反射得多，吸收得少，便是亮的；相反便是暗的。只有百分之百反射光线，才是理想的白，百分之百吸收光线，便是理想的黑。事实上我们周围没有这种理想的色彩，因此人们常常把最近乎理想的白硫化镁结晶表面作为白的标准。

3.1.3 纯度

纯度也称为饱和度、鲜度、彩度，是指颜色的纯洁性。可见光谱的各种单色光是最饱和的彩色，当光谱色加入白光成分时，就变得不饱和。以红为例，有鲜艳无杂质的纯红，有涩而像干残的"凋玫瑰"，也有较淡薄的粉红。它们的色相都相同，但强弱不一。纯度常用高低来表述，纯度越高，色越艳；纯度越低，色越涩、越浊（图 3-1-4）。

图 3-1-4

光滑物体表面上的颜色要比粗糙物体表面上的颜色鲜艳，纯度高些，如丝织品比棉织品色彩艳丽，就是因为丝织品表面比较光滑的缘故。雨后的树叶、花果颜色格外鲜艳，就是因为雨水洗去了表面的灰尘，填满了微孔，使表面变得光滑所致。

3.1.4 色立体

为了便于理解色彩三个属性之间的相互关系，可用三维空间的立体来表示色相、明度和纯度，如图 3-1-5 所示，垂直轴表示黑、白系列明度的变化，上端是白色，下端是黑色，中间是过渡的各种灰。色相用水平面的圆圈表示，圆圈上的各点代表可见光谱中各种不同的色相（红、橙、黄、绿、青、蓝和紫），圆形中心是灰色，其明度和圆图上的各种色相的明度相同，从圆心向外颜色的纯度逐渐增加。在圆圈上的各种颜色纯度最大，由圆圈向上（白）或向下（黑）的方向变化时，颜色的纯度也降低。在色立体同一水平面上的颜色色相和纯度在改变，但明度处于一个层次（图 3-1-5）。

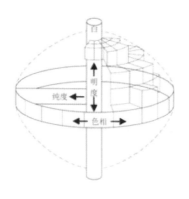

图 3-1-5

这样就把数以千计的色标严整地组织起来，成为立体色标。目前影响较大的立体色标是威廉·奥斯特·瓦尔德（Friedrich Wilhelm Ostwald，1853—1932，德国物理化学家）色立体（图3-1-6）和孟塞尔色立体（图3-1-7）。孟塞尔色立体的中央轴代表无彩色黑白系列中性色的明度等级，并以此为彩色系各色的明度标尺，以黑（BK或BL）为0级，而白（W）为10级，共11级明度。离开中央轴的水平距离代表纯度的变化，在孟塞尔系统中称为彩度，中央轴上的中性色彩度为0，离开中央轴愈远，彩度数值愈大，个别颜色彩度可达到20级，红色是14级（红色区剖面图中的水平方向每格是2级）（图3-1-8）。各种颜色最大彩度的不同使得色立体中各纯色相与中心轴水平距离长短不一。

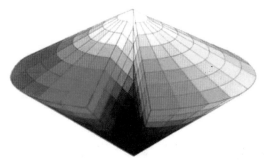

图3-1-6 威廉·奥斯特·瓦尔德色立体   图3-1-7 孟塞尔色立体

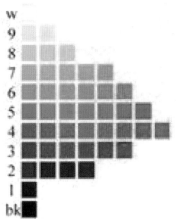

图3-1-8 孟塞尔色立体红色区剖面图

3.1.5 色卡

色卡是用于传递颜色信息的一种参照物，可以很直观地看出要买的产品或者生产的各种颜色和花纹图案。在制图艺术、纺织、服饰、室内家居、塑胶品、建筑和工业设计等领域都会广泛用到相对应的不同功能的色卡产品。举例来说，潘通（pantone）纺织类的色卡就比较适合服饰、家居以及室内设计行业的设计师们，用于选择和确定纺织和服装生产使用的色彩。它包括几千种棉布或纸版色彩，不仅可以组建新的色库和概念化的色彩方案，还可以提供生产程式中的色彩交流和控制。

3.2　色彩的个性

色彩是吸引人的第一元素，同样款式和面料的服装，会因为色彩的变化而给人带来完全不同的感受，每个人的偏好色也会随自身兴趣改变而改变。所以在进行色彩搭配组合之前，首先要弄清楚色彩的个性。

3.2.1　红色

红色象征外向、冲动、乐观、热情、喧闹、革命、喜庆、幸福、危险……

由于红色容易引起注意，所以在各种艺术表现形式中被广泛使用。红色具有较强的视觉效果，在革命年代被用来传达活力、积极、热诚、前进等形象与精神的涵义。红色也常用来作为警告、危险、禁止等标志用色。人们在一些场合或物品上，看到红色标志时，常不必仔细看内容，即能感受到警告危险的意思。中国人有对红色的偏爱，在盛大的节日庆典上，红色作为欢庆、隆重的象征在服装和环境设计上被广泛使用（图3-2-1）。

图3-2-1

3.2.2　橙色

橙色象征光明、华丽、兴奋、快乐、运动、警示……

由于橙色非常明亮刺眼，在服装用色中，橙色代表了警戒色和兴奋色，如登山服装、运动装、背包、救生衣等。但使用不当也会使人有负面低俗的印象，特别是大面积的橙色容易产生燥热感，所以要注意选择搭配的色彩和表现方式，应把橙色明亮活泼的特性发挥出来。

图 3-2-2

3.2.3 黄色

黄色象征明朗、愉快、高贵、希望、发展、注意、灿烂……

黄色明度高，在工业安全用色中常用来警告危险或提醒注意，如交通标志上的黄灯，学生用雨衣、雨鞋等。在古代，黄色也是中国皇室的专用服饰用色，大面积的亮黄色代表了太阳般的高贵，有神圣而不可侵犯之意。意大利设计师范思哲（Gianni Versace，1946–1997）擅长用黄、黑色搭配设计服装或图案的色彩，显得华丽夺目（图 3-2-3）。

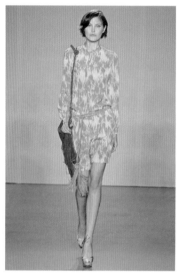

图 3-2-3

3.2.4 绿色

绿色象征新鲜、平静、安逸、和平、柔和、青春、安全、理想……

绿色是山野森林的色彩，春天是新鲜的嫩绿，盛夏是葱翠的深绿，人眼对自然的绿色适应性很强，不易感到疲倦。很多服务业、卫生保健业和工厂的制服中就采用绿色，以避免工作时眼睛疲劳，一般的医疗机构或场所也常采用绿色来做空间色彩规划，标示医疗用品（图 3-2-4）。

图 3-2-4

3.2.5 蓝色

蓝色象征深远、永恒、理智、诚实、寒冷、自制、保守、冷静、忧郁、责任心、阴森、严格……

蓝色特性沉稳，是男士套装的常用色，有庄重、理性和准确的象征意义。蓝色是天空、海洋的颜色，无刺目、不舒服之感。因此，蓝色一直是服装设计时的常用色，可以配任何肤色，牛仔服的主色调就是蓝色，上百年仍能经久不衰（图3-2-5）。

图 3-2-5

3.2.6　紫色

紫色象征优雅、高贵、魅力、古典、自傲、轻率、浪漫、柔和、温婉、清秀、含蓄……

在古代，紫色染料的天然来源很有限，这使得紫色面料的价格较贵，只有贵族才有权力和金钱拥有紫色服装，因此紫色被视为高贵的象征。现代，使用紫色最多的领域是女性用品，如化妆品、服装、箱包等，男装一般用沉稳的含灰紫色调，以区别于女装用色（图3-2-6）。

图 3-2-6

3.2.7　褐色

褐色象征成熟、古朴、安稳、温和、踏实、陈旧、枯萎、萧条、谦虚、厚重、寂寞……

褐色通常用来表现原始、自然材料的质感，如麻、木材、竹片等，20世纪90年代初，"返璞归真"的潮流使褐色或茶色在时装领域大为流行。褐色也用来强调格调古雅的成熟形象，或是作为老年服装用色。由于褐色调子较暗，所以在设计时一定要打破黯淡、沉闷的气氛，用精致的材料来显示高雅的风格，或是与亮色调搭配，增加色调的层次感（图 3-2-7）。

图 3-2-7

3.2.8　灰色

灰色代表谦虚、平凡、退缩、谨慎、寂寞、忧郁、暧昧、消极、中性、细密、科技……

灰色具有柔和、高雅的意象，而且属于中间性格，男女皆能接受，所以灰色成为永远都流行的颜色。谨慎性格的人也会选择灰色，用这种不张扬的色彩来掩藏个性。在许多表现高科技题材的设计中，常常采用带有金属质感的灰色，代表精密和现代。需要注意的是，设计时要避免灰色容易产生的素淡、沉闷之感，可以利用不同的层次变化组合或搭配其他色彩，才不会过于呆板、僵硬和索然无味（图 3-2-8）。

图 3-2-8

3.2.9 黑色

黑色象征悲哀、神秘、与众不同、严肃、刚健、坚硬、沉默、罪恶、恐怖、绝望、死亡……

在商业设计中，黑色具有高贵、稳重、科技的意象。许多科技产品，如电视、摄影机、音响、仪器大多采用黑色。在服装设计上，黑色常用来塑造各种与世俗产生一定距离的形象，如孤寂、冷傲、叛逆、邪恶、特立独行等。黑色也是一种永远流行的主要颜色，适合和许多色彩作搭配（图 3-2-9）。

图 3-2-9

3.2.10　白色

白色象征干净、纯洁、纯真、朴素、神圣、明快、柔弱、虚弱……

在商业设计中，白色象征着高级、具有科技感，通常需和其他色彩搭配使用，纯白色会带给人寒冷、严峻的感觉，所以设计师在使用白色时，通常会搭配一些其他的色彩，如象牙白、米白、乳白、苹果白等，在生活用品和服饰上，白色是永远流行的主要色，可以和任何颜色搭配（图 3-2-10）。

图 3-2-10

3.2.11　金、银色

金、银色象征华丽、富贵、科技、耀眼……

引人夺目的金、银色可以和任何颜色搭配，在正式宴会、舞台和庆典服装中被运用得最多，它们的加入使服装显出奇光异彩和珠光宝气的特色。带灰调的亚金、亚银色既承续了亮金、亮银的光彩，又使得服装不过于绚烂而显庸俗，带有高深、成熟、稳重之美（图3-2-11）。

图 3-2-11

3.3　色调的心理感受

色调给人在视觉、心理和精神上的感受主要有四种。

3.3.1　冷暖感

蓝色、青色系列的色调容易使人联想到海洋、极地、宇宙等，易产生冷的感觉，适宜于夏装或严肃场合的正装；红、橙、黄则容易使人联想到暖热的太阳和火等，适宜于冬装或具有活跃感的服装。

3.3.2　轻重感

明度或纯度高的色彩使人感觉轻盈，明度或纯度低的色彩使人感觉沉重。设计中，过于明亮的配色可能导致整体效果过于跳跃、不稳定，这时，可以适当加入低调的色彩来满足人心理对保持轻重平衡的需要。

3.3.3　进退和胀缩感

明度、纯度高的色彩和暖色有前进和膨胀感，白色最强；明度、纯度低的色彩和冷色有后退和收缩感，黑色最强。适当运用进退和胀缩感，可使服装的层次效果分明，深或浅色的服装也可起到一定的弥补形体缺陷的效果。

3.3.4　软硬感

明度高的色彩和中等纯度的色彩有柔软、温和感，宜用于婴幼儿服装、夏装或内衣；低明度的色彩和低纯度的色彩有刚硬、严肃感，宜用于男装、老年装、冬装或外衣。

此外，色调还有厚薄感、明暗感、强弱感等。各种色相在变淡、变深、变灰时的不同效果会给人带来不同的心理感受。

3.4　流行色

社会物质与文明高度发展之后，各种各样的流行时尚就会大行其道，流行色是其中的组成部分。流行色是最具心理学特征的时尚现象。色彩本身就具备个性，人们对于色彩的偏好往往都带有许多心理上的折射，流行色也是时代在人们心理上的投影与写照。比较一下历史各时期的产品设计，首先就会发现每一个时期的作品都显示出特有的色调情感，这些色彩就是当时的流行色，分别反映出当时社会对色彩刺激的需求。

流行色（fashion color），解释为"时髦、时尚的色彩"，是指在一定时间和区域内被大多数人所接受或采纳的色彩，并形成风靡一时的趋势。一般包括几种或几组色彩和色调。

流行色广泛存在于纺织、轻工、食品、家居、城市建筑、室内装饰等各领域的产品中，专业人士通常根据每季变换的色卡或色立体坐标来确定下一季产品的流行色。而周期最为短暂、变化最快的流行色是对时尚反映最为敏捷的纺织服装的色彩。一件带有流行色的时装往往能卖出超值的价格，所以流行色作为时尚风向标之一，对服装设计和销售都起着极其重要的作用。

相对于流行色的是常用色。常用色变化缓慢、延续性较长、适用性比较广泛，各个国家、地区、民族由于地理环境和人文习俗的差异，会呈现出各具特色的常用色，即传统色彩或习惯色彩。

流行色和常用色之间的关系是相互依存、相互补充和相互转换的。某些流行色经过长时间流行后，普及率较高，就可能变成常用色、习惯色，而常用色也可能转换成为流行色，如黑、白两色，是设计常用色，有时也会成为某一季的流行色。

3.4.1 流行色的促成因素与传播渠道

流行色的形成有诸多因素，这是因为流行本身的产生背景就是错综复杂的。它不是服从于个别人或某个机构的主观愿望，而是在一种特定环境与背景条件下产生的社会现象。以下简单介绍几种促成流行色生成的原因。

1. 喜新厌旧的心理

色彩是一种刺激，反复相同的刺激，会使视觉感受减弱。当人们对某个色彩感到厌倦后，就希望寻求新的色彩刺激。在现实生活中，总有少数喜欢标新立异、强调自我个性的创新者，在服饰、美容等消费领域与众相异，而时尚最前端的流行色最容易被他们创造和接受。一般说来，人们喜欢新奇和变化，对色彩的喜新厌旧是新色调产生的主要依据。

2. 模仿和从众心理

除了上述少数前卫作风者会特立独行外，大众往往选择模仿这些"时尚人士"的风格，或顺从大多数人的喜好与倾向，因为不想遭到周围人群的排斥，被斥之为落后迟钝。由于这种从众心理，使得生活于同一社会的人，自然地趋向于某些特定的色彩，从而扩大了这些色彩流行的程度和范围。流行色符合了大众的一般嗜好和要求，使人产生愉悦感和新鲜感，又顺应了当时的社会情形，满足了社会风气对色彩的需求。

3. 经济与文明的发展

社会的繁荣、文明的高度发展也是流行色的促成因素之一。因为在此条件之下，消费者对产品的审美价值越来越重视，产品更新换代就变得频繁，而流行色作为生活的节奏和审美形式，必然会从服装纺织产品的附加值中灵敏地反映出来。一般来说，经济文化发达地区比落后贫困地区更能体现流行色的存在与变化。

4. 社会意识文化流、突发事件的影响

2002年的世界杯足球赛中，随着韩国队的出线，大红色成为了当时的流行色，反映出对韩国队胜利狂热的庆祝。

总而言之，社会思潮、经济状态、生活环境、心理变化、消费观念、文化水平等因素都可能促成流行色的形成、变化和发展。

3.4.2 流行色的特性及周期变化

流行色作为现代社会生活中特有的消费样式,已广泛地为大众所接受和重视,它具有以下特性。

1. 流行色有着周而复始的周期变化规律,但并不是简单的重复

每当市场上出现明亮的色彩趋向时,暗的色彩就会销声匿迹;而当暗的色彩受到大众青睐时,明亮的色彩也会马上失去魅力被消费者抛弃,这种周期性的变化能够使人们达到一种心理上的平衡。

在各种纺织品领域,流行色在每个周期都起着主导和决定的作用。对于服装的生产者与设计者而言,掌握色彩在大众心理上的周期变化,是一件相当重要的事。

根据美国色彩专家海巴·比伦的理论,流行色的变化周期包括4个阶段:始发期、上升期、高潮期和消退期。整个周期过程大致历经 5 ~ 7 年,其中高潮期内的黄金销售期大约为1 ~ 2 年。周期变化的时间长短根据各地区经济发展的步伐快慢和水平高低、社会购买力以及对色彩审美要求的不同而各有差异。通常发达地区变化周期快,落后地区变化周期慢,甚至没有显著的变化;在各类服装中,女装的流行色周期最短,变化最快;色彩中,色相变化周期较短,为 30 个月,色调变化周期为 60 个月,配色持续时间会很长;图案和纹样的变化节奏总是比流行色慢。

2. 流行色具有季节性特征

新一季的流行色一般是以前一季的流行色为基础,再注入新的元素。世界纺织服装界在四季的流行色安排上有着基本相似的地方,春季的色彩柔和、明快;夏季的色彩活泼、艳丽;秋季的色彩温和、协调;冬季的色彩浓厚、深重。利用色彩的轻重、明暗和冷暖的性格,可以设计出具有不同季节感受的流行色。

3. 流行色反映社会的变化状况

当社会情况转变或者在经济、文化上发生激荡时,流行色也将随之变化。例如当一个社会进入经济高度成长期时,色彩也渐渐由黯淡变为清朗,色彩的选择日渐多元化。而在高度成长的巅峰期,流行色中会呈现出很多明亮而轻快的色调。社会经济稳定成长之后,低调与时髦的色调有逐渐增加的趋势。当社会发生危机,经济逐渐萧条时,色彩上反映出阴暗的倾向,并会逐步扩散。1974 年国际性石油危机时,服装色彩普遍偏向低沉灰暗,人们的生活受到社会经济的冲击,自然使得大众会选择跟得上社会脚步的色彩。

4. 流行色的发布同时还伴有流行图案和流行款式的出现

色彩、图案和款式等元素被综合设计后将产生强烈的潮流感,刺激人们的购买欲望。

3.4.3 流行色的预测、传播与机构

1. 预测

对纺织服装业的生产者和经营者来说，对未来流行色把握的准确与否直接影响到产品销路状况的优劣，因此预测流行色是一件至关重要的事。

预测流行色并非易事，流行色预测人员需要具备一系列专业素养，如专业的色彩知识、审美眼光、了解所属领域的流行趋势、对世界性大事的敏感度的判断和分析能力等。专业色彩研究人员一般为服装服饰制造商、设计师、经销人员等。

流行色预测的工作方法有以下几种：一是进行市场调研，对消费者的色彩好恶状况、消费类型、层次和心理动向做广泛、深入、细致的调查研究；二是根据历年自然环境、现实生活的变化比较流行色的发展趋势；三是密切关注近期内详尽、确切的销售统计数字和市场行情。

2. 传播

国内流行色的研究机构和组织在发布流行色卡时，参照国际流行色协会的工作程序和方法。在新的流行色卡产生后，一方面马上组织人力进行大量复制，色卡均用染色纤维精细制作，迅速传送到相关用户手中。另一方面，通过电台、电视台、报纸、刊物等各种媒体，广泛进行宣传，并利用时装表演的形式与服装结合起来，尽量在社会上营造气氛和环境，使预期的流行色最大限度地发挥出经济效益。

3. 机构

下列为较具权威性和影响力的流行色组织、机构，其中一部分是世界性的，一部分是地区性的，各国服装服饰产品制造商与设计师大多都以它们发布的流行色作为生产与设计的参考依据。

国际流行色协会 International Commission for Color in Fashion and Textiles

国际色彩权威 International Color Authority

国际纤维协会 International Fiber Association

国际羊毛局 International Wool Secretariat

国际棉业协会 International：Institute for Cotton

法国时装工业协调委员会 Comite de Coordination des Industries de la Mode

日本流行色协会 Japan Fashion Color Association

中国流行色协会（CFCA）

法国国际纱线展览会（EXPOFIL）

法国巴黎第一视觉布料展（Premiere'Vision）

意大利佛罗伦萨国际纱线和针织品展（Pitti Filati）

其他还有一些世界级的实力大公司也发布流行色，如杜邦（Du Pont Commpany）、蓝精（Lennzing）、阿考迪斯（ACORDIS）、美国棉花公司（Cotton Incorporated）、赫希斯特（Hoechst AG）。

3.4.4　色彩系列设计

色彩系列的确定是设计的重要环节，它以特有的方式传达设计者的思想和概念，奠定了设计作品的感性基调。如果色彩系列中有颜色发生转变，尤其是主色调，那么尽管服装款式和材料仍保持原样，整个服装系列带给人的心理感受还是将随之改变。

3.5　色彩系列设计

一组时装系列色彩的产生主要建立在两个基础上：一是高超的配色技巧；二是对流行色应用熟练的把握能力。

3.5.1　配色技巧

将两种以上的色彩并置在一起，产生新的视觉效果，就是配色。

配色主要是传达新的色彩感觉，突破单一色彩所表现的枯燥印象，它的最终目的在于色彩合理搭配，相互共鸣，没有排斥感，产生统一和谐的效果。

调和的色调令人悦目，但调和的色调并不容易获得，配色水平的高低会带来不同的效果。高水平的配色给人以各种美的深刻感受，或华丽高贵，或轻松活泼，或冷峻坚毅，或雅致秀丽，而低水平的配色则易趋于低俗贫乏、灰暗脏腻，甚至水火不容。所以配色的技巧和能力非常重要，这可以通过训练和经验来获得并提高。

一般人配色根据天生的色彩感觉也能搭配出很好的视觉效果，但对于专业设计人员来说，这样的做法缺乏稳固的基础，并容易在工作过程中出现偏颇和主观倾向。因此，专业设计人员必须认识并理解配色的内在规律和基本要领。

运用色相环和色立体，色彩一般有以下四种组合方式。

1. 同一色组合

一个色相可以在明度和纯度之间变化，使之产生循序渐进的效果，形成强弱、高低的对比，以弥补一种颜色的单调感，例如：蓝色系，暗蓝－深蓝－鲜蓝－浅蓝－淡蓝。这种组合借助色立体的标示就可以轻易获取（图3-5-1）。

图 3-5-1 同一色组合

同一色配色是最简单的方法，无论排列几个色都能够保证安稳妥当，可以说毫无失败的风险。

2. 类似色组合

在色环中，相邻近的色相都是彼此的类似色，如红与橙、蓝与紫等，称为类似色组合。类似色与同一色一样，属于容易调和的配色，因为色系之间具有部分相同的色素，如黄与橙的共同色素是黄；蓝、绿、紫的共同色素是蓝。

根据色相环上的距离，类似色有邻近色与远邻色之分，这两者配色出来的效果是不同的。邻近色系中的关系比较密切，容易调和；而远邻色系中由于各色相的性质、特性有差异，在配色时较易形成不调和的感觉，但这可以通过调整主、次色的面积大小比例来改善观感（图3-5-2）。

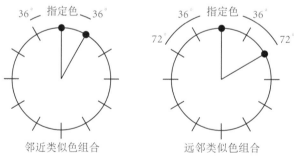

图 3-5-2 类似色组合

3. 对比色组合

色彩之间能比较出明显的差别，并产生比较作用，这就是对比色组合，这种组合有四种形式。

（1）色相对比。因色相之间的差别形成的对比，一般取补色的搭配。在色相环中，直径两端的两个色相就是一对对比色，并互为补色，如红与绿、蓝与橙、黄与紫。补色对比效果鲜明刺目，极易引人注意，但相反色之间的不协调性和抗拒性还需要设计者巧妙地进行调和统一，否则很容易使人难以忍受（图3-5-3）。

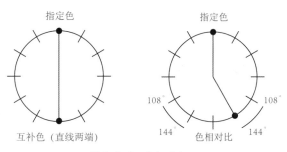

图3-5-3　色相对比

互为补色的两个色相，其中一色左右两边的邻近色与其补色也构成对比。

当对比的两色具有相同的纯度和明度时，对比的效果就越明显，两色越接近补色，对比效果越强烈。

（2）色调对比。深与淡的色调色彩的组合，或是明亮与灰暗的色调色彩组合都属于色调对比，采用的是色调上差距较大的配色方法。这种配色很容易产生紧张、激进的效果。

（3）明度对比。因明度之间的差别形成的对比，如深蓝与浅绿、深绿与粉绿。将一个颜色分别置于黑板和白板上，会发现黑板上的色彩感觉比较亮，而白板上的色彩感觉比较暗，明暗的对比效果非常强烈明显。明度差异很大的对比，会产生明朗、跃动、不安、震撼等感觉。

（4）纯度对比。纯度对比即高纯度色彩与低纯度色彩的组合，如亮黄色与土黄色。

综上所述，无论是哪种组合效果，对比色两者的特性都是很强烈的，放置在一起造成的反差极大，要缓和这种视觉效果的办法有以下几种。

①在补色搭配中，用对比色偏左或偏右的色彩搭配，这样可以减弱直接冲突的状况。

②在明度、纯度和面积上做调整，提高一色的纯度或降低另一色的明度，两种色彩形成主次关系。

③在对比色之间插入分割色（金、银、黑、白、灰等）。

④采用双方面积大小不同的处理方法，在面积上形成主次关系。

调和的对比色搭配具有很高的美感，在色调上变化多端，有明朗、活跃的感觉，但如果调配不当，色彩之间就会相互排斥，格格不入。

4. 无彩色系与有彩色系组合

无彩色系在色彩调和上具有很强的功能，如当红绿相斥时，可以用黑色或白色的线条分隔两种色彩，缓和了对比色搭配的生硬感和紧张感。无彩色系本身的色彩搭配也是设计界的常用手法，如黑白条纹、灰白方格、灰黑圆点等，都是清爽、明朗、美丽的色彩搭配，自成一格，有的甚至堪称经典（图3-5-4）。

图 3-5-4

在服装配色上，经常以无彩色系的色彩为大面积的主色或底色，再配上有彩色系的色彩，或明亮鲜艳，或柔和细腻。

3.5.2 流行色的运用

设计色彩系列时还必须关注流行色彩，运用流行色来调配、完善色彩系列，但要避免机械照搬流行色信息。

尽管流行色信息是由国内或者国际上知名的色彩权威机构发布的，设计者还是要结合市场的趋向从中做出合理的选择，认为完全照搬预测的信息就可以使服装具有流行感的想法是完全错误的。尤其在企业中，如果缺乏必要的市场调查分析，产品的销量将有极大的风险。

不同的国家、地区、民族、群体、阶层和个人有着不同的服饰喜好或偏爱，这些喜好会在服饰色彩上有所反映。每个机构发布的流行色有各自的针对面和作用，国际性的流行色卡在宏观上对各国的面料、服装业起一定的导向作用，不具有广泛适用性；世界各地纱线公司和化工企业发布的流行色，又有它自身的地区特色和范围限制，两者都不是对任何类型的消费者都适用的。作为设计者没有必要为追求这种有一定局限性的"流行"而忽视对所服务的消费群做详细而有效的实地调查分析，手头的流行刊物和趋势图也绝不是包治百病的灵丹妙药。

时装色彩由常用色和流行色两部分组成。常用色的形成建立在服饰传统、习俗和嗜好的基础上，在服饰市场中占据的比重较大，流行色占据的比重较小。根据市场调研，常用色的市场占有率是流行色的 3 倍，流行色常常是作为市场中的点缀色、衬托色。生活中，人们在色彩搭配上选用的方法是一两种流行色与常用色一起构成整体形象。流行色体现的地方可能是一件上衣，也可能只是一条漂亮的丝巾或一双时髦的靴子，面积不大，但足以显示时髦感。另外，流行色在出现几率上，休闲类要高于礼仪正装类，女装要高于男装，青年服要高于老年服。

需要强调的是，确定色彩系列并不意味服装色彩方面的构思就此结束，还需要设计者结合服装造型部件、细节等多个因素来统筹规划色彩的分配、组构，把色彩的空间配置调整到最佳状态。另外，服装设计的色彩处理绝不能单纯地从平面视觉的角度来考虑，因为布料表面的粗细虽然对色相没有影响，但质地、光泽等对明度和纯度却有很大的左右。如粗糙的表面会形成很多微小的阴影，所以毛呢上的红色就会显得比纱上的红色沉稳，而纱的红色要鲜亮得多。在温度的感觉上，粗糙的布面温度感较高，光滑的布面温度感较低。并且着衣者立体的形态、人体的曲线、动态姿势和光影明暗等都会引起服装色调的变化。

鉴于种种易变的因素，整个设计作品没有最后完成，草稿上初定的色彩系列就会随着面料的采购和服装配饰的搭配不断更正而修改，直到实样完全做出后，色彩设计才算真正完成。

第4章 服装材料设计

材料是服装的基础，色彩和款式造型这两个服装构成的要素直接由材料来体现。服装材料的柔软、硬挺、悬垂及厚薄轻重等特性保证了款式造型的风格；面料的肌理效果、组织纹理能够左右色彩、花形外观的细微变化效果；面料的覆盖性、加工性、舒适性、保健性、耐用性、保管性、功能性以及价格等直接影响着服装的性能和销售，离开材料谈设计如同纸上谈兵。在现代服装业中，风格新颖、性能优良的材料更是服装厂商在市场竞争中出奇制胜的武器。

对于服装设计者而言，在了解材料特性的基础上，应需具备优秀的判断力，能够恰到好处地选择面料，娴熟、巧妙地运用面料之间的呼应关系组合搭配，还必须不断学习和掌握科技发展带来的新材料的相关知识，这些都是必需的专业素质。在设计中，卓越的素材选择才能展现独特的创意，这可以从很多设计大师身上看到，设计大师同时也是选择利用材料的高手。

面料之所以在服装设计中占据主导地位。第一，是因为面料的性质决定着服装款式的范围，如针织面料的风格和组织更适于设计内衣、运动服、户外服、便服等，而其他织物与此完全不同；第二，面料的性质决定着服装的工艺、技术范围，如专门针对于软性织物而采用的软技术，对硬质面料就不能适用；第三，面料的性质决定服装的色彩风格，这是因为颜色是负载于面料之上的，并且色彩的感觉直接受面料质地的影响，如化纤织物的色彩有漂浮之感，而天然纤维织物的色彩有沉降之感。

面料在服装设计中的主导作用表现在对色彩、材料质地、使用性能、服装款式、服装风格和工艺技术的左右能力。

4.1 服装材料的分类与内容

一般来说，服装材料分为面料和辅料两大类。

4.1.1 面料

面料是体现服装主体特征的材料，具备外观风格和材质性能两大要素。现代服装对面料的质量，特别是面料的外观有新的要求，如外观风格，如织纹、图案、色彩等。有些外观效应是整个织物加工过程的结果，需要从纤维原料生产纱线开始，有些需要特殊织机或针织机以及特种后整理加工才能生产。面料的材质性能各不相同，如塑形性、悬垂性、吸湿性、保暖性等。

面料的材质包括材料与质地两个部分。材料是指面料物质的类别，如棉、毛、丝、麻、化学纤维等；质地是指纤维、纱线编织而成的纹理结构和性质，如厚薄、轻重、粗细、光泽度、滞涩与滑爽等，这些特性决定了服装造型的柔软性、流动性、刚性等外形特点。

4.1.2 辅料

除面料以外的材料均为辅料。辅料包括了里料、衬料、填料、胆料、缝纫线、纽扣、拉链、钩环、绳带、商标、花边、号型尺码带及使用标示牌等。辅料不直接构成服装的外观效果，但必须在外观、性能（包括使用性能与加工性能）、质量和价格等方面与服装面料协调相配。服装辅料选配得当，可以提高服装的档次，否则，将会影响到服装的整体效果以及销售营利。

1．里料

里料作为服装夹里，用以辅助面料的轮廓。因里料接触内部衣服，故宜选用滑爽、耐磨、易洗涤、轻软和不易褪色的织物，材料有羽纱、绸等。

2．衬料

衬料在面料与里料之间，增加穿着舒适性并保持服装的形态，有服装"骨骼"之称。衬料需根据面料的种类和风格来设计选用。衬料有热熔衬、毛衬、麻衬、无纺织布衬、化纤衬和缝编织物衬等，其中热熔衬是最流行的衬里材料。热熔衬的黏合底布是在棉布或涤棉混纺布上涂上一层用聚酯、聚酰胺或聚乙烯高分子化合物制成的黏合剂。

3．填料

填料是用以增加服装厚实度的保暖材料，通常选用比较蓬松的纤维，如棉、羽绒、骆驼毛等。随着化学纤维的发展，在填料使用中，质轻保暖的中空纤维和腈纶纤维已有应用。

4．胆料

胆料是填料的套件，松散状的填料是靠胆料来赋予稳定的形态。胆料用织物常根据填料种类而定，一般要求紧密而柔软，如棉布。

4.2 从纤维到织物

4.2.1 纤维

绝大多数纤维能纺织加工成为服装材料，只有少数（如玻璃纤维，黄麻、槿麻等）目前因限于纤维的形态特殊，性能方面还不能适用于服装。而如花生纤维、大豆纤维的原料是食物，成品的机械性能又较差，所以也未投入工业化生产。

服装常用纤维有以下几种。

（1）棉纤维

（2）麻纤维

（3）毛纤维

最常用的毛纤维原料采自绵羊毛。毛纤维的平均长度为 50 ~ 75 mm，细度比棉粗，接近于苎麻，纤维纵向表面覆盖着鳞片层。品质好的纤维能纺织成较细的毛纱，用于高档面料的制造。

（4）蚕丝纤维

蚕丝纤维由蚕的腺分泌物凝固而成。与棉、毛、麻不同的是蚕丝是长纤维，每根纤维长 500 ~ 1 000 m，而且纤维较细，1 mm 内能排 100 ~ 330 根。人的皮肤接触蚕丝织物表面非常舒适，加上一些天然的优良特性，蚕丝被誉为"纤维皇后"。

（5）化学纤维

化学纤维根据生产规格可分为短纤维和长纤维两种。

短纤维一般在长度和细度上仿造棉、毛，所以可制成介于二者之间的中长型纤维。人工控制的加工方法使得短纤维不会出现长短不均、粗细不匀的情况。

长纤维亦称为长丝，长度和粗细可以根据需要任意选择。纤维越细，制造的难度越大，但仿天然丝的效果却越好。

4.2.2　纱线

主要的服装材料如机织物、针织物、拉链带、衬料、缝纫线和装饰线等，都由纱线构成。

随着现代科学技术在纺织工业中的广泛应用，出现了各种新型纺纱方法，使纱线具有各种外观、风格、手感和内在品质。纱线的品质在很大程度上决定了织物表面特征和性能，如织物的表面肌理性质（光滑、粗糙或起绒）、织物的单位总量（轻或重）、织物的舒适性（凉爽或暖和）、织物的质地（丰满、柔软、挺括、富有弹性）等。此外，织物的耐磨、强力和抗起球等性能都与纱线性能有关。

4.2.2.1 纱线的分类

在服装的吊牌或标示牌上，经常可以看到"精梳棉""粗梳棉""混纺"等字样，这是指纱线的种类。纱线的分类方法很多，根据在生活中常见的情况，有以下几种分类。

1. 按原料

（1）纯纺纱。只由一种纤维材料纺成纱，如棉纱、毛纱、麻纱和绢纺纱等。

（2）混纺纱。由两种或两种以上的纤维所纺成的纱，如涤纶与棉的混纺纱，简称为涤、棉混纺。

2. 按纺纱工艺

（1）棉纱。棉纱可分为普通棉纱和精梳棉纱。普通棉纱指按一般的棉纺纺纱系统纺成的纱。精梳棉纱指在一般棉纺纺纱基础上又通过精梳工序纺成的纱。经过精梳工序，纤维得以进一步梳理，并去除了短纤维，因此纤维平行顺直，纱条均匀、光洁，纱支提高。

（2）毛纱。毛纱可分为精梳毛纱和粗梳毛纱。精梳毛纱是采用纤维长度较长、均匀度较好和细度较细的优质毛，按精梳毛纱纺纱系统加工而成的毛纱，其中纤维平行伸直度高、纱条均匀、光洁、纱支较高。粗梳毛纱是采用加工工序较短的粗梳毛纺纺纱系统加工而成的毛纱，其中纤维长短不齐，排列不够平行，结构松散，毛绒多，纱支较低。

3. 按用途

（1）织造用纱分为机织用纱和针织用纱。

（2）其他用纱，如编织线、缝纫线、绣花线、花边线、绳带用线和杂用线等。

4.2.2.2 短纤维纱的主要纺纱过程

1. 短纤维纺纱系统

短纤维纱纺纱过程根据原料可分为棉纺工程、毛纺工程、绢纺工程、麻纺工程，化学短纤维的混纺和纯纺往往也归类于与其混纺的天然纤维的纺纱系统，有时也采用介于精梳毛纺和粗梳毛纺系统之间的半精梳毛纺系统，或把棉纺纺纱系统稍作改动的中长纤维纺纱系统。各种纺纱系统的目的都是为了生产均匀的、具有一定强力的纱线。

2. 短纤维纺纱系统的主要工序

（1）开松和清洁：将紧包的纤维松开、混合、清除杂质。

（2）分梳：通过表面包覆有针布的机件使纤维平行伸直，进一步去除杂质，并形成条子。

（3）精梳：把几根条子在精梳机上并合，进一步梳理，去除短纤维、草刺和毛粒，形成精梳条。

（4）并条、粗纱：把几根条子并合在一起，并经牵伸拉细，成为所需要的一定粗细的粗纱。

（5）细纱：把粗纱牵伸到一定细度后，加上捻度，以增加纤维间的抱合力，纺成具有所需的强力和品质的细纱。

（6）合股：把两根或两根以上的单纱在捻线机上捻和成股线，以增加强力、光泽、手感、均匀度等性能。

4.2.3 织物

原始社会阶段的人类有简单的纺织生产，用在外采集的野生植物纤维搓绩编织，制成可服用的织物。随着农、牧业的发展和面料生产工具的不断发展，人工培育的纺织原料渐渐增多，服装材料品种日益增加。

现代日常生活中的服装所用的织物，按照其织造加工方法分类主要有：机织物，又称梭织物，有印染织物、色织物、素织物等；针织物，可分为经编织物、纬编织物、成形针织物和针织坯布等；编织物，是借用简单的工具或手工结合织机共同完成的一种织物形式；非织造织物，又称无纺布，起源于古老的毡，是指不经传统的纺织工艺，由纤维铺网加工处理形成薄片状的纺织品，是现代织物中的一个特殊门类。

本部分主要以机织物和针织物为主，介绍织物组织的种类、组织、纵横经纬以及各种常见织物的特性。

4.2.3.1 机织物的结构特征

1. 经纬纱

机织物是由纵向的经纱和横向的纬纱互相交错构成的。交错时经纬纱有两种关系：凡经纱在纬纱上面的，称为经浮；而凡纬纱在经纱上面的，称为纬线（图4-2-1）。经纬纱的交错就构成了机织物的组织结构特点，不同的组织会影响织物的各种性质，如外观、光泽、耐用性等。

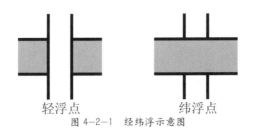

轻浮点　　　　　　纬浮点

图 4-2-1　经纬浮示意图

2. 结构图与组织图

图 4-2-2 左图表现的是经纬纱交错情形，称为结构图。结构图能清楚显示经纬纱的关系，但绘制非常不方便，一般很少直接用这种办法表示，而用较为简单、容易绘制的组织图表示经纬纱关系，如图 4-2-2 右图以"■"表示经浮点，以"▨"表示纬浮点。

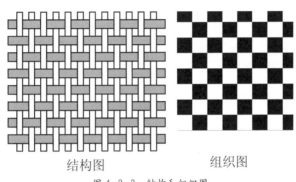

结构图　　　　　　　组织图

图 4-2-2　结构和组织图

3. 完全组织

在一般的织物中，经纬浮点难以计数，全部绘制出组织图显然是不现实的，但可以根据完全组织来简单表示。

（1）完全组织的经纱与纬纱。当经浮点和纬浮点的排列规律在织物中重复出现为一个单元时，该组成单元就成为一个组织循环或完全组织。

构成完全组织的经纱根数与纬纱根数，通常称为完全经纱数与完全纬纱数。如图 4-2-3 左图，经纱和纬纱各有 16 根，整幅分为 16 区，每一区有 4 经 4 纬，各区的经纬纱交错情况都相同，所以图 4-2-3 右图就是完全组织，完全经纱数为 4，完全纬纱数也为 4。

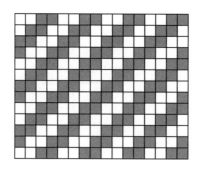

完全组织

结构图

图 4-2-3 完全组织图

（2）经浮长与纬浮长。凡连续浮在另一系统纱线上的纱线长度称为浮长，浮长分为经浮长和纬浮长。

（3）飞数。 在完全组织中，同一系统经纬纱线中相邻两根纱线上相应的经（纬）浮点在纵向（或横向）所间隔的经（纬）纱的根数，称为飞数。如图 4-2-4，B 点相应于 A 点的经向飞数是 3，C 点相应于 A 点的纬向飞数是 2。在完全组织中，浮点飞数为常数的织物组织称为规则组织，为变数的称为不规则组织。

图 4-2-4 飞数

4. 三原组织

机织物的织物组织分为原组织、变化组织、联合组织、复杂组织、大提花组织等五大类。

凡在组织循环中，完全经纱数与完全纬纱数相等，组织点飞数为常数，一个系统的每根纱线（经或纬）只与另一系统的纱线交织一次，该组织即为原组织或称为基本组织。原组织包括平纹组织、斜纹组织和缎纹组织，故称为三原组织。三原组织是各种机织物组织的基础。

（1）平纹组织。平纹组织是由经纬纱连续上下交错组合而成，其完全组织由 2 根经纱和 2 根纬纱所组成，是最简单的织物组织，如图 4-2-5A 图所示。B图是（图 4-2-5A）2×2 基本形的扩大图。

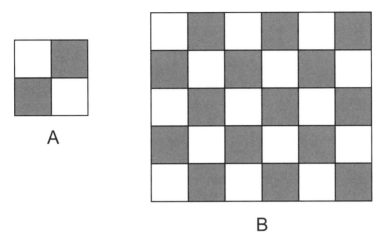

图 4-2-5　平纹组织

平纹织物具有以下特点。

① 完全组织的经纬纱数各为 2，织物正反面一样。

② 同一单位内，经纬纱的交错数最多，纱线屈曲最多。

③ 布面平整，质地紧密，坚牢而挺括，手感较硬，耐磨性好。

（2）斜纹组织。斜纹组织最显著的特点就是布面上有斜向的织纹，并且根据纹路指向可分成左斜纹和右斜纹（图 4-2-6）。

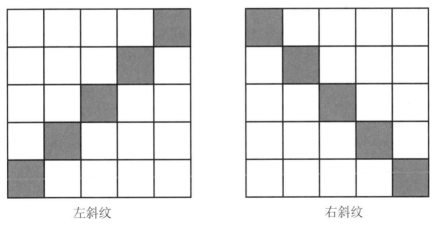

左斜纹　　　　　　　　　　　右斜纹

图 4-2-6　斜纹

斜纹组织的完全组织至少由 3 根经纱和 3 根纬纱所构成，相邻两根经纱之间，飞数为 1，所以组织图上呈现出 45°的斜纹线。

斜纹线与纬纱的夹角称为斜纹倾斜角，它随经纬纱密度的比值，或经纬纱粗细的差异而变化，斜纹倾斜角大于 45° 时为急斜纹，小于 45° 时为缓斜纹。

与平纹组织相比，斜纹的浮线较长，组织中不交错的经（纬）纱容易靠拢，这使得织物比较柔软，光泽也较好。但在纱线号数和密度相同的条件下，斜纹织物的强力和身骨比平纹差。图 4-2-7 为斜纹组织的若干形式。

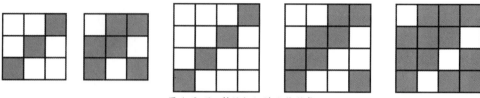

图 4-2-7　斜纹组织的几种形式

（3）缎纹组织。在缎纹组织的一个完全组织中，每一根经纱或纬纱上仅有一个组织点，经纬纱的交错点是三种原组织中最少的。这些单独组织点分布均匀，有规律地为其两旁的另一系统纱线的浮长线所遮住，故布面光滑明亮，而且缎纹组织循环越大、浮线越长、织物也越柔软，但耐磨性和坚牢度就越差（图 4-2-8）。

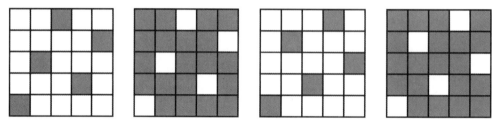

图 4-2-8　缎纹组织

5. 织物的量度

织物有长、宽、厚和重量等量度指标。

（1）长度。织物长度一般用匹长（m）来度量（国际上有时用码度量）。匹长主要根据织物的种类和用途而定，同时还需考虑织物单位长度的重量、厚度、卷装容量、搬运以及印染后整理和制衣排料铺布裁剪等因素。一般来说，棉织物匹长 30 ～ 60 m，精纺毛织物匹长 50 ～ 70 m，粗纺毛织物匹长 30 ～ 40 m，长毛绒和驼绒匹长 25 ～ 35 m，丝织物匹长 20 ～ 50 m，麻类夏布匹长 16 ～ 35 m 等。

（2）宽度。织物宽度用幅宽（cm）度量。织物的幅宽是根据织物的用途、生产设备条件、产量的提高和原料的节约等因素而定的，可分为小幅织物（幅宽 40 cm 左右，小于 40 cm 就划入带织物）、狭幅织物（幅宽 90 cm 以下）、宽幅织物（幅宽 90 ～ 120 cm）、双幅织物（幅宽 150 cm 左右）。

一般来说，棉织物幅宽可分为 80 ～ 120 cm 和 127~168 cm 两大类。随着服装工业的发展和行业需求量的增多，宽幅织物的产量不断上升，无梭织机的出现使幅宽可达 300 cm 以上。精梳毛织物幅宽为 144 cm 或 149 cm，粗梳毛织物幅宽有 143 cm、145 cm 和 150 cm 三种。长毛绒幅宽为 124 cm，驼绒幅宽为 137 cm。

丝织物品种繁多，规格复杂，一般在 70 ～ 140 cm 之间。麻类夏布幅宽 40 ～ 75 cm。

（3）厚度。织物的厚度是指在一定压力下织物的绝对厚度，以 mm 或 cm 为单位。服装的风格、保暖性、透气性、悬垂性、重量和耐磨性等服用性能都与织物厚度有关。

（4）重量。织物重量以每米克重或每平方米克重计量。一般棉织物的平方米重量大多为 70 ～ 250 g／㎡，精梳毛织物为 130 ～ 350 g／㎡。在 195 g／㎡ 以下的属于轻薄型织物，通常用作夏装。195 ～ 315 g／㎡ 的属于中厚型织物，用作春秋装。315 g／㎡ 以上的属于重型织物，宜作冬装。粗梳毛织物大多为 300 ～ 600 g／㎡。薄型丝织物在 20 ～ 100 g／㎡ 之间。

4.2.3.2 针织物的结构特征

针织物就是通过一系列相互串联的线圈制成的织物。根据生产方式的不同，可分为纬编和经编两种形式，还包括由纺织纱线用链式针法构成的缝编织物。

1. 纬编针织物

纬编针织物由一根连续卷绕的纱线构成，该纱线形成一行行的线圈，方向一致地横向布满整幅织物，各排相邻线圈相互串联形成网眼组织。这些织物双反面组织的组织结构较松，有一定的间隙，较易朝各个方向拉伸，当一根纱线断后，往往产生"抽丝"现象。

纬编组织广泛用于毛衫、针织内外衣、T 恤衫、袖口、裤边、手套、袜子等服装服饰织物。

2. 经编针织物

经编针织物是由几根沿纵向（即沿织物长度）走向的经纱构成，每根经纱组成的线圈都交替着和左右两排线圈相互串联。经编针织物的线圈通常看起来是横向布满织物的。某些经编针织物的经纱分为两组，以相反的方向成对角线地来回穿梭于织物之间，这样织物就不会出现"抽丝"现象。如果在一幅经编针织物上裁下一小方块织物，其任何一边均不能轻易地扯出纱线，从该样品中要扯出纱线只能从经纱方向扯出（与线圈横列成直角的方向）。

经编组织广泛用于内外衣、衬衫、袜子等服装服饰织物。

4.3　织物肌理质地与服装造型

服装的开发生产首先要考虑的是织物的性格特色。而对一块服装材料进行特性分析，主要是从两个方面来探讨：实用性和审美性。

实用性包括：保健，如吸湿、透气、保暖等；安全，如防火、防水、防污染等；医疗，如除臭、杀菌等。

审美性包括：肌理质地，如挺括坚固与柔软飘逸，反光、闪光与吸光、亚光，可塑性与弹性，透明和镂空，以及其他肌理效果；色彩与图案，如明朗、艳丽、对比强烈，柔和、文静、含蓄、内省、国际性、现代感、流行感等。

对于设计而言，考虑的是织物的肌理质地的特性以及与服装外貌、造型相关的因素。各种不同肌理的织物被造型后显现出柔美、挺拔、飘逸、温暖、凉爽等不同的审美效果。这些特性对服装设计有着重要的作用。

4.3.1　挺括坚固与柔软飘逸

挺爽型的精纺毛织物给人以庄重稳定、肃然起敬的印象，厚重型的银枪大衣呢有体积感，产生浑厚稳重的效果，粗花呢、大衣呢、灯芯绒、拉绒布等有一定的体积感，具有形体扩张感（图4-3-1）。这些织物在结构设计时，不宜采用过多的剪辑线和褶裥，廓形也不宜过于紧身贴体。设计造型夸张或体积感较强的服装可借助适当的辅料予以衬托。

图4-3-1　精纺毛织物服装

纯棉织物朴素、沉重、文雅，如府绸、牛津纺、华达呢、卡其等，但仍有一定的体量感和硬挺度，采用细皱和褶裥的手法可形成丰满的造型，各类衬衣、西装、夹克衫都普遍使用棉织物。麻织物或仿麻织物也具有这种特性，因其垂感较强，适合于各种设计，如休闲装、裙裤等（图4-3-2）。

图 4-3-2　纯棉织物服装

　　柔软型织物有富丽华美的绒面金丝绒、雍容高贵的裘皮、轻细淡雅的纱罗织物。天鹅绒手感柔和，有垂重感，适宜于柔顺的轮廓造型，过多的缝缉线会影响其平滑的悬垂效果。丝绸织物柔糯体贴、细腻雅致，适合柔软、亲切、温馨、圆润的服装造型。（图 4-3-3）丝织物中也有硬挺、直爽的品种，如 1997 年春夏的流行面料山东绸，就被制作成窄袖紧身衬衫、窄筒七分裤、合身套装、礼服型超短连衣裙、腰间系带的短风衣等，体现凹凸挺立、缝迹显然的结构感，塔夫绸和织锦缎也不属于柔软型织物。

图 4-3-3　柔软型织物服装

4.3.2　反光、闪光与吸光、亚光

　　光泽型的面料有一种耀眼华丽、活泼明快的膨胀感。有光人造丝或涤纶丝织成的织物光泽强烈、冷峻，涤纶闪光涂层布轻快、耀眼，它们一般用作舞台表演服。真丝的软缎、绉缎属于柔软的光泽型织物，适用于合体或松身的造型，如采用一些褶皱装饰，可以表现出褶线的流光溢彩、飘逸垂感；亚光的真皮自然野性；金属材质的织物光芒四射，明星气十足。（图 4-3-4）

图 4-3-4　光泽型面料服装

　　由于光泽型面料具有膨胀、前进的特性，在服装造型上应注意简洁，不宜做过多装饰，否则将破坏光线的反射，反而失去特有的美感。

4.3.3　可塑性与弹性

　　织物的可塑性直接关系到服装廓形的准确度，如果要保持服装一定的几何形状，就应选择使服装不走样的织物，而柔软、飘逸的服装最好用柔软、蓬松、不定型的织物来制作。织锦缎比较硬挺，但塑形性较差，不适宜太夸张的造型，一般以省道和结构线表现形体感（图 4-3-5）。

图 4-3-5　可塑性织物的服装

弹性织物的代表是莱卡，现在很多面料中都含有莱卡（Lycra）纤维。莱卡是美国杜邦公司发明并生产的人造弹力纤维，可以自由拉长 4 至 7 倍后恢复原状，弹性恢复率优于以前的同类型纤维。与棉、丝、羊毛、尼龙及其他纤维混纺在一起配合，能增加面料的弹性，使穿着舒适，增加活动时灵活度，与泳装纤维混纺能凸显身材曲线。加入莱卡纤维的织物还能使服装较长时间不变形，因而被广泛适用于内衣、泳衣、运动装和男女式外衣。其他弹性织物还包括针织物，轻薄的机织物在斜丝缕方向也有一定的弹性，所以采用斜裁的制板技术也能够制成类似针织物的服装，不用打省道收去多余的松量，不用装任何接合件，就可轻松套入身体，贴体却不紧绷皮肤（图 4-3-6）。

图 4-3-6　弹性织物的服装

4.3.4　透明与镂空

透明与镂空类面料如乔其纱、蕾丝、巴厘纱等，绮丽优雅，能不同程度地展现体形，这种织物的服装造型易产生轻飘、无力、浪漫、脆弱、性感、神秘的效果。在设计中，可根据材质柔、挺的不同程度灵活而恰当地予以表现。为使透明不过分夸张，可采用叠加织物的办法，隐约透露内部肤色，达到朦胧内敛的效果（图 4-3-7）。

图 4-3-7 透明与镂空的服装

4.4 织物肌理设计

服装设计师在进行服装的创意设计时往往会不满足现有材料的肌理和质感，但又一时找不到合适的材料，勉强用其他面料凑合，会导致整个设计系列的效果功亏一篑，不能表现出原有的创意。这样，服装设计师就不得不自己设计、定制材料，参与织物设计的一部分工作。

对于专职的织物设计师来说，需要具备相关知识和很高的专业素质，包括图案纹样设计能力、造型能力、色彩搭配调和能力、纱线组织结构能力、手工编织技术、机器针织技术、织物生产、印染技术等。这是因为织物设计并不是以织物为最终目的，它需要通过机器批量生产，最终服务于人，所以织物设计工作要处理的内容不只是织物生产所应注意的材料、造型、质感、触感、色彩等，还包括更细的分科，如织物的可缝制性、清洗保管等。

服装设计师不是专门做织物研究的，上述的技能不必面面俱到。但研究纺织、服装领域可以发现，一种新样式的织物可能会给服装设计界带来灵感，反过来，服装设计师对材料的新构思也会带来织物设计行业新品种和新面貌。服装设计师进行的主要是织物外观的创新。织物的外观设计主要围绕肌理效果，其中包括色彩、图案、质地、纹理等。

把肌理作为造型要素，并以新的观念来评价是从 20 世纪才开始的。1921 年，意大利未来派导师费里波·马里涅蒂（Filippo Marinetti，1876-1944）发表的触觉主义（Ractilism）宣言是将肌理纳入设计要素的典型代表。最先把触感练习导入设计基础教程的是早期的"建筑者之家"——包豪斯设计学院。如今，肌理的运用成为现代设计的重要特征之一，设计师们挖空心思设计了种类极多的不同肌理表面的材料，尤以服装及室内装饰材料为多。

4.4.1 肌理

物体的肌理又称质感，是与任何物体都有关系的造型要素，如物体表面的粗糙感或光滑感就属于肌理。物体肌理的构成单位非常细微时，其质感几乎可以被视作色彩的感觉；当单位粒子越大的时候，便越强调形态认知的知觉作用。

肌理或质感通过材料本身的表面物性，即色泽、光泽、结构、纹理、质地等表现出来。不同的织物给人以不同的触感、联想、感受和审美情趣。素软缎质地细腻，光泽柔润；亚麻布朴素无华；化纤织物轻巧，色彩艳丽……总之，不同种类和性质的织物呈现出不同的质地美。服装设计师进行织物肌理设计，是从织物出发的新思路，肌理构思巧妙的织物具有平面织物或平面图案所没有的现代感。

对织物肌理质地的认识是通过视觉和触觉两种感知渠道来获得的。

1. 视觉型肌理

视觉型肌理的材料表面虽是光亮平滑的，但视觉上却令人感觉到独特的凹凸感或粗糙感。例如，印染形成石块纹理或水的纹理，蜡染形成冰裂纹理。

2. 触觉型肌理

在造型艺术中，有一类介于平面与立体之间的造型表现—半立体，这是在平面上进行立体化的表现。材料表面由于少许的隆起，表现出完全不同于平面和立体的造型效果，虽然表面凹凸不平，但仍显得较为平面化，时而雅致，时而又显得鲜明。特别是用雪白的材质加工成半立体后，可以欣赏到细碎的阴影给人带来的视觉上的微妙美感，而触觉的参与极大地增强了造型效果。

具有触觉感的肌理与半立体有相似之处，材料表面可用手的触摸感觉出来，这种半立体效果的织物可以通过三种方法得到，一是在纱线生产阶段就对纤维原料、纱线结构或纱线样式等方面进行变化创新；二是在面料生产阶段对织造方式或面料组织结构等方面进行新的编排设计，采用手段有针织、纺织、编织和类似无纺布的设计；三是在面料制成之后，对成品面料用高温、高压、打褶、破坏、毛边等技术处理，使面料表面发生变化，可以获得具有新的肌理观感的面料。限于器材设备的缺乏，第一种方法难以在服装院校中推行，学生进行创新设计时一般使用第二或第三种方法。

近年来材料科技和印染技术的发展，使织物肌理效果在设计中受到重视，服装设计师们运用各种布料、金属、珠饰等设计了不同的织物，让人感受其表面的平面或立体质感。

褶皱的肌理效果被运用得很早，古埃及的服装上已经有此种效果设计，从流传下来的壁画可以看出，当时的褶皱呈现整齐的放射形状，透出精致的人工美（图

4-4-1）。20世纪的玛德琳·维奥内（Madeleine Vionnet，1876–1975）是位善于利用斜裁技术制出褶皱的服装设计大师，她的设计特点是善用优雅、流畅的褶形（图4-4-2）。

图 4-4-1 古埃及服装　　　　　　图 4-4-2 1935 Vionnet 设计

在当代时装设计大师中，三宅一生（Issey Miyake）设计的日本和式服装的特点很鲜明，他在褶皱肌理的开发和再造上有着独到而科学的诠释，自创的褶皱纺织品完美地实现了造型的自由组合和内外空间的协调性，特别是给予了消费者再创造的余地。"一生褶"是三宅一生获得的面料专利名号，这足以看出他对于织物打褶处理及其多种服装成型方式研究的深入程度和知名程度（图4-4-3）。

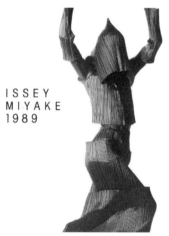

图 4-4-3 三宅一生设计

另一位以非常规面料为创作手段的大师是帕苛·拉邦纳（IPaco Rabanne）。1966年2月他推出以钳子和喷灯作为工具，塑料和金属作为材料的12件作品，创造出具有科技色彩和古代盔甲感觉的织物，之后又采用大量的光导纤维和不锈钢纤维等取代了传统的材料，寻求新的表达语言和构成元素（图4-4-4）。

图 4-4-4 帕苛·拉邦纳设计

4.4.2 织物设计方法

1. 通过原料特性变化进行设计

服装材料采用原料的不同造成了织物表面肌理的差异。归根结底，肌理是由组成纤维的高分子化合物以及纤维形态结构的不同产生的。

蚕丝纤维的横截面呈不规则的三角形，纵向粗细不匀，这种特性对自然光具有反射作用，所以丝绸织物手感柔软，光泽明亮。涤纶长丝纤维横截面呈圆形，纵向形态平滑，手感光滑，光泽比丝绸织物亮。因此，对纤维进行加工方式变更或者改变性能，就能产生特征不一的织物来。以涤纶纤维为例，把聚酯原料按长度和细度加工成不同规格的纤维，可纺织成仿真丝织物、仿毛织物、仿麻织物等；高收缩的涤纶纤维制成的织物，其表面呈现凹凸的肌理。

服装设计师很难掌握这种涉及微观纤维成分的方法，因为这种方法过于专业。但如果织物知识足够，那他可以向面料供应商提出合适的织造要求，定做新品种；或者改变服装的材料，像上文提到的帕苛·拉邦纳的设计，以金属圈、环、片、链、管子等替代常规织物的纤维原料。

2. 通过纱线形态、结构等进行设计

纱线的形态、质感以及组织结构的革命性变化往往会产生新感觉的面料，所以纱线的设计与织物息息相关。

相同的纤维、纱线的加工方式不同，也可使织物产生不同的表面纹理。如竹节纱制成的织物花型突出、风格别致、立体感强；彩色毛线织成的织物彩点斑驳；仿马海毛的腈纶毛线编织成的织物手感丰满膨松；作拉毛处理的纱线经特殊加工处理后，还能模仿动物毛皮的质感（图4-4-5）。

图 4-4-5　纱线结构

色织物是一个典型的利用纱线的色彩和编排顺序进行设计的例子。已染成不同色泽的纱线通过变化经纬纱的交织方式，可织出多种不同花型和色泽的产品，创造出多种样式的格子花型或条子花型，这些条格的纹理比平淡的染色织物多了一些几何装饰的简洁明了，又比鲜艳活泼的印花织物增加了一些典雅大方。在织物的后整理工艺中，就不用再进行染色或印花了。20世纪60年代以来，随着化

纤混纺织物的发展，色织物在材质方面的品种不断增加，有涤棉高支府绸、涤棉中长花呢等。图 4-4-6 是常见的色织物花型实例。

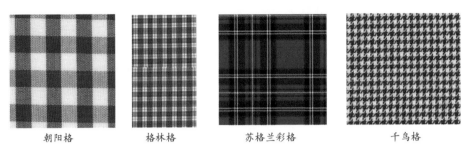

| 朝阳格 | 格林格 | 苏格兰彩格 | 千鸟格 |

图 4-4-6　色织物花型

服装设计师进行色织物的设计可以借助色织软件，不必懂得太多太深的专业知识，就能在已有的面料基础上，对色织面料进行花型、色彩的设计。色织物服装一般表现比较正规庄重的气氛，如男女套装、男士衬衫等，有时也被用于表现苏格兰民族风格，如著名的苏格兰彩格短裙。

纱线的捻度与织物表面肌理也有一定关系。如无捻度的精梳棉纱表面显得较暗，没有光泽；当捻度达到一定值时，光线从比较光滑的表面反射，反射量达到最大值；捻度继续增加时，在纱线表面的凹凸处光线被吸收，反射的光线又有所减弱，纱线变硬，所以高捻度纱线织成的织物表面反光柔和，手感较硬。再如平纹织物中，由于经纬纱捻向的不同，织物表面反光一致，光泽较好，织物松厚柔软。

3. 通过织物组织变化进行设计

针织物和机织物的肌理多有轻微的或强烈的触觉效果，多半呈规律的状态。不同的组织结构形成不同的织物表面特征。

纱线按照三原组织的结构来织造，可织成三种不同的布面效果：平纹织物质地紧密、光泽淡或无光泽；斜纹织物表面斜条纹路清晰；缎纹织物织纹整齐，产生一定光泽，手感柔软。

手工编织和横机织造成的织物又各有风格，手工编织物可以在纱线组成方式上灵活多变，形成繁多的花色，特别是造型独特的立体肌理效果。而横机织造方式较为单一，能使针织物质地整齐平整，有一种均匀利落的美。针织物利用线圈的排列和不同色彩纱线的使用，还可使织物表面产生图案、闪色、孔眼及凹凸等多种肌理效果（图 4-4-7）。

图 4-4-7 针织物

提花组织属于针织物的一种花色组织，各种复杂的提花组织是表现毛衫纹理效果的有效手段之一。提花是按花纹设计要求将纱线垫放在所选择的织针上编织成圈，未垫放上新纱线的织针不成圈，纱线呈浮线，处于不参加编织的织针后面，这样编织形成的组织称为提花组织。也就是说，是在每一行中用一种或多种不同颜色的毛线交替进行编织得到的花样。

纬编提花组织的种类较多，按结构可分单面与双面，按每一横列中采用的色纱不同分为单色、素色和多色提花。纬编提花在织物上呈现曲折状的纵向波纹和不同高度的拉长线圈，花型别致，在一定范围内可以作任意变化，因而被广泛运用于各种外衣面料和装饰用品（图4-4-8）。

图 4-4-8　纬编三色提花组织

4. 通过后整理工艺进行设计

后整理工艺包括织物的漂白、整理等工艺。如经过后整理加工的牛仔服看上去像穿旧的服装一样，时间概念注入了服装；金属粉涂层整理工艺可使面料看上去闪闪发光，具有一些现代科技的意味；经过剪绒、植绒或拉绒后整理的织物，在布表面可形成凹凸起伏的效果；烂花工艺、镂空技术能够使织物本身产生透明与不透明的对比；起毛圈或起皱的处理使织物表面形成类似半立体的肌理。

这些后整理工艺能使原本普通之极的织物在不同的光影衬托下，渗透出朴拙、浑厚、温馨、浪漫、优雅、古典等各种风格和情致，通过这些丰富的肌理语言，设计师更能塑造完美的、极具个性的形象。

5.通过印染、印花工艺进行设计

印染、印花也属于后整理工艺的一种，印染可使不同材料呈现出不同的肌理，相同的材料又会因印染工艺的不同而产生相异的肌理。如在丝绸上喷染，可出现流光溢彩、变化万端的特殊效果；土布上的蜡染、扎染所形成的冰裂纹和无序的线形会给朴素的布面平添许多意趣；棉麻织物印上麻纱的肌理，给人以天然质朴的感觉；印染、印花的肌理与同色系无印染肌理的净色形成对比的趣味。

印染所表现的肌理是二维平面的，通过意象的形的组合、重叠，来创造新的图案形象。印染肌理可运用渲染、拓印、飞白、抗水、喷洒、吹彩等多种的技法制作出多种样式。

印花是印染的一种技术，是用染料或颜料在纺织物上施印花纹的工艺过程。印花有织物印花、毛条印花和纱线印花之分，以织物印花为主，毛条印花用于制作混色花呢，纱线印花用于织造特种风格的彩色花纹织物。

织物印花历史悠久。中国在战国时代已经应用镂空版印花，印度在公元前4世纪已经有木模版印花。滚筒印花始于18世纪，丝网印花是由镂空版印花发展而来的，适用于小批量的容易变形织物多品种印花。20世纪60年代，金属无缝圆网印花开始应用，为实现连续生产提供了条件，其效率高于平网印花。60年代后期出现了转移印花方法，利用分散染料的升华特性，通过加热把转印纸上的染料转移到涤纶等合成纤维织物上，可印得精细花纹。

当前，消费者对服装面料要求越来越高，个性化、高档化以及保健、舒适、环保成为面料的发展趋势。传统的印染与后整理技术已不能适应社会需求，而代表先进技术的发达国家将高新技术注入纺织品印染后期整理工作中，在20世纪70年代便研究出计算机CAD、CAM控制的喷射印花方法，现通俗地称其为"数码印花"（图4-4-9）。

图4-4-9 数码印花

6. 时织物成品的再加工设计

在成品面料的基础之上，经过高温、高压、打褶、抽褶、压皱等技术处理使其材料表面发生变化，呈现出均匀或非均匀、大或小、多或少等极具立体感的肌理，这是肌理的再加工。

有时设计师会费尽心机地运用传统的或现代的加工工艺对面料进行再加工，使其发生根本的变化，如礼服用的白色薄纱经高温高压定型为纤细、圆滑的曲线，材料的张性与线性的肌理，加之款式造型的变化能使优雅礼服别具一格。

常用的肌理再加工方法如下。

剪贴：剪缝、补缀、剪切。（图 4-4-10）

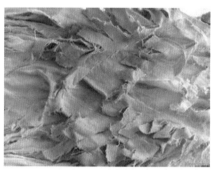

图 4-4-10　剪贴

折叠：抽皱、压褶、捏褶、捻转、波浪花边。（图 4-4-11）

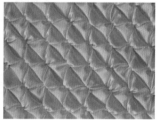

图 4-4-11　折叠

镂空：镂花、镂孔、镂空盘线、镂格。（图 4-4-12）

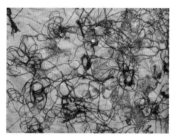

图 4-4-12　镂空

缀饰：亮片、珠子、几何形片、羽毛、带子、布片、盘线（普通线或金属线

等）、盘带、纽扣。（图4-4-13）

图4-4-13　缀饰

绗缝：棉料、填充料。（图4-4-14）

图4-4-14　绗缝

堆叠、层叠。（图4-4-15）

图4-4-15　堆叠、层叠

流苏、穗子。（图4-4-16）

图4-4-16　流苏、穗子

割、撕、刮、抽纱。（图4-4-17）

图4-4-17　抽纱

压印。（图4-4-18）

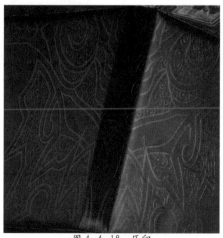

图4-4-18　压印

线迹、缉线、刺绣。（图 4-4-19）

图 4-4-19　刺绣

扭曲：揉、搓、拧。（图 4-4-20）

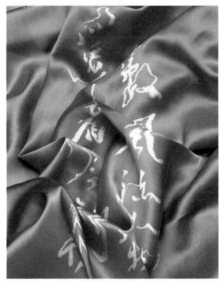

图 4-4-20　扭曲

拼接。（图 4-4-21）

图 4-4-21　拼接

7. 多种肌理效果的综合设计

现代服装设计为了满足消费者标新立异的心理需求而追求材料肌理的对比与组合运用，如用针织物和真丝纱罗两种不同面料的结合，网纱的轻透滑爽和针织的弹性柔软共同呈现出有趣的肌理对比。

在此设计理念的影响下，织物的设计也开始流行形成几种新的加工手段复合应用于同一品种，如异原料、异支、异色、异捻、异结构纱线交替使用，相互融合于一块织物中，会产生出丰富的色泽和新颖的面料结构，大大丰富了织物的品种类型。

无论是哪种设计，都要结合相应的纱线构成工艺和印染工艺等，在追求肌理、质地、色彩、图案设计的同时，需注意服装材料实用性这个前提，并且不能偏离设计理念的初衷。

4.4.3 当前流行织物

1. 花式纱织物

各种原料、各种色泽的花式纱，如粗节、大肚、竹节、疙瘩、圈圈、段染、爬藤、结子、波形、雪尼尔、羽毛纱等交替应用于各种纺织品中，机织物可作大衣、西服、时装、裙子等的面料。花式纱还用于各种装饰品，风格各异。

2. 强捻纱织物

为适应人们对服装悬垂性、穿着透气舒适的要求，高捻、强捻纱被广泛应用，特别是结构疏松的织物被要求达到质地优良、手感疏而不烂、松而不软的水平，其纱线捻度设计是至关重要的，加上合理的整理工艺就能收到理想的效果。

3. 复合纱线织物

多种原料混合，如多股纱、长短丝交并、双组分纱线、空气变形纱，各种原料的包芯、包覆、包缠纱等新复合纱线，由这样的纱线制成的织物具有特殊的视觉效果，在当今面料界发展很快。

4. 复合纰织和疏松结构的织物

织物组织除平纹、斜纹和缎纹外，复合纰织很流行，如方平、纱罗、网眼、蜂巢、提花、灯芯条、绉地等，多数以几何图案形式出现。

5. 透明、透孔的疏松织物

透明、透孔的疏松织物如雪纺、巴厘纱、乔其、纱罗、钩花等，具有似露非露和隐隐约约的透视效果，是春夏女时装的时髦面料。秋冬面料则在疏松质地上进行起绒、拉毛整理，产品手感柔软蓬松，质地丰满轻盈，外观有独特效果。

工艺上可采用绣花、镂花、贴花、剪花、烂花、植绒等深加工工艺。

激光裁剪工艺属于最新的面料裁剪技术，激光束对聚酯或聚酰胺含量高的面料尤其有效。激光的高温使这类面料裁剪的边缘熔化，这样就形成了一种不会散边的熔接边缘，用这种方法意味着裁剪的边缘可以不加处理（无修剪止口和布边），而且可以用于镂花面料的设计。

6. 双层和多层织物

相同或不同的纱线和结构以特殊点连接，形成两面相同或不同效果的双层或多层织物。面料或成衣由层层叠叠的纱层构成，能创造多种款式和美妙丰富的视觉效果。

7. 凹凸效果织物

随着人们对面料立体感要求的提高，各种大、小提花织物应运而生，其中，圈圈、雪尼尔等花色纱线提花部分的新颖大提花织物的风格别具一格。而凹凸压花的工艺可以制作出用凸纹的图案滚筒和热量使面料产生永久的花纹和质地的效果，现在国外有用立体印花加工法生成的凹凸组织来表现提花组织的外观。另外烂花和植绒等工艺的应用也能达到同样的效果。

8. 起皱织物

起皱织物依然流行于世。起皱工艺有多种，如不同缩率原料或不同捻纱线混纺、交织经整理后因收缩率不同而起皱；多经轴送经速度不同，织造后形成泡类起皱织物；通过特殊后整理加工产生的轧皱效应等。

9. 手工编织织物

手工编织的工艺应用于外套、内衣和沙滩装，呈现一种朴素的手工艺趣味，花色变化较多。

10. 纸张质感织物

原用于黏衬的无纺布经过新技术的加工也开始呈现出轻盈飘逸的中国宣纸般的质感，但由于强度不够，现在还主要应用于如围巾等不易被拉扯的服饰品中。

11. 有光织物

这里所说的有光织物是指使原来光泽黯淡或无光的织物产生闪烁的光泽，如现在流行的含金银丝的牛仔服装面料。一般织物可以通过有光化学纤维的运用、金银丝交织、金铂印花或金银粉涂层等工艺产生良好光泽的效果。

总之，织物是服装造型的物质基础，是设计创意的载体，是实现设计的桥梁和手段。作为服装设计师，要努力了解材料、熟悉材料的性能，才能在服装设计创意中扬长避短，将创意的效果充分展现出来。

第5章　服装款式设计

服装款式是设计工作的核心部分，各种原则、原理、要素贯穿于服装造型的全过程，涉及穿着者体型、服装构成及设计图等问题。服装款式在每个季节的改变并不显著，设计师要具备敏锐的观察力及时捕捉那些悄然来临的变化元素，才能设计出入时的服装。

服装款式分为外部廓形和内部结构。廓形进入视觉的速度和强度远高于内部结构，服装的内部结构起到对廓形的丰富、充实作用，更多地体现形式美，让人领会细节的合理布局和精致的工艺。一般来讲外部造型决定内部造型，它们之间是统一、协调的，在服装造型的开始阶段首先应该是把握外部造型。

5.1　服装廓形设计

5.1.1　廓形

形，有形状、外貌、形体之意。在西方服装界经常用"silhoueae"来描述流行服装，这个单词的英文意为"侧面影像、剪影、轮廓"，在这里专指服装的廓形。服装界经常用到"剪裁""外形线""轮廓""剪影"等词替代"廓形"，其意思是相同的。

服装的廓形即服装的外部造型剪影，是除了色彩之外首先呈现在人们视线中的形象，是服装款式造型的第一要素。人们对服装造型的总体印象很大程度上取决于廓形，它在表现风格的同时也映衬出理想的人体形态美。

从中外服装的发展史来看，廓形的变化长则十几年、短则几年会产生明显的变化，是流行的重要标志之一，是各个时期款式的分水岭，历年服装流行发布通过对廓形的定性来传递最新信息和指导穿着时尚。分析廓形可以了解社会当时推崇的形象风格。举例来说，第二次世界大战结束，女装依然留存着战争时期服饰的痕迹，如宽肩、男性化、机械性、军服式等战争时的组成元素。1945 年后这种硬朗的、严肃的倾向开始向人们希望的柔和的女性化方向发展。克里斯蒂安·迪奥在 1947 年的首届时装发布会上推出了丰胸、细腰、圆臀、自然肩线、充满了女性特色的"新造型"（newlook），以其优雅成为具有革命性和历史转折性的佳作。

图 5-1-1 是 20 世纪各流行时期典型款式廓形的演变略图。头十年雍容贵妇的及踝长裙到第二次世界大战时期干练的职业及膝西服短裙；战后对优雅的回归又使得迪奥的露出半截小腿的淑女裙备受推崇；60 年代青年风暴促成了迷你超短裙的火热流行；70 年代反战情绪让喇叭裤和长袍款风靡西方；在富足的

八九十年代，服装的底摆随着经济的复苏又迅速回归膝盖以上；20世纪末合体上装、窄腿裤和铅笔裙开始紧绷出修长曲线的身形，从中可以清晰地看到社会重大事件和思想风潮的更迭起伏在服装上的投影。廓形的变化正是应服装风格的变化而产生的，抛却服装风格来设计廓形等同于空中建阁。廓形的造型语言表达的是形象的风格主调，同时会涉及内部结构、色彩、材料等元素的设计。

图 5-1-1 不同时期的廓形设计

美国服装设计师把女装的基本廓形分为三种：直线状的筒形（包括直筒形、圆台形、球形）；突出女性胸腰臀三围的喇叭形（或称为 x 形）；以及强调后身的后裙撑形。日本设计师则把女装的基本廓形简单归纳为直线形和曲线形两大类，详见图 5-1-2。

图 5-1-2 轮廓形

直线形的轮廓给人刚强、简练、硬朗、直接、庄重等感觉，适合表现男性的风貌、干练的职业风范、矫健有力的现代都市感或者夸张的形态。在造型上，为了增强效果，往往在肩部附近做处理。如 20 世纪 80 年代采用平挺的垫肩来获得倒梯形态，近几年宽肩的回归除了使用翘起的垫肩外，还用装饰过的肩章或层叠、挺立的花边来加宽或使肩部耸立。如果不用这些方法，则通过材料和工艺使肩部的方形转折明确，以配合利落的"X"形的塑造。"X"形的服装虽然属于直线形，但女性化效果明显，这是因为它强调女性的胸腰臀之间落差，但与其他三种造型一样要扩展肩部。表现女性体态往往不采用垫肩手法，而是在肩部附近的袖子或领子造型上做文章，或者加上扩大宽度的装饰物。

与直线相比，曲线构成的廓形具有圆顺、柔软、优雅、弹性、律动、女性化的特点，例如"O"形的服装可以表现可爱、轻松和活泼的感觉。这种廓形较多以理想女性体态为最终设计目标，自然的肩部线条、挺拔的胸部、纤细的腰肢、丰满的臀部以及修长的腿部是曲线形服装经常强调的元素，巧妙表现多样的人体美是曲线形服装的特色。

要注意的是，图 5-1-2 中的造型仅仅是归纳了几个常见的廓形，实际上时尚界呈现的廓形丰富多彩。强化、映衬人体美和单纯服装形态创意是设计的两大主要方向，如果过分拘泥于若干形态的对号入座，就会因小失大。设计理念的表达始终是服装设计工作的重点，学习基本廓形是为了掌握形态的语言，并运用这些语言为理念服务。

5.1.2 廓形设计的基本变化点

服装的造型变化是在人体形态结构的基础之上，通过改变支撑衣裙的肩、腰、臀等来实现。所以，廓形变化的基本点不外乎肩、腰、底摆和围度这四个要素的尺度和形状。

1. 肩

肩部设计有圆肩、方肩、宽肩、窄肩等形式。

肩部是服装造型中受限制最多的部位，其变化的幅度不宜太大，尤其在日用装方面，但肩部造型却起着明确风格的重要作用。从图 5-1-3 可以看出肩部造型与服装风格的紧密关系，当流行柔美、自然、轻松的感觉时，肩部呈现小巧、圆润，尽量削弱平展的线条；当流行挺拔、帅气、干练的男性化风格时，肩部呈现宽阔的横线条或起翘的斜线条，或是用扩张的泡泡袖来增强效果，女子形象瞬间变得英姿飒爽、咄咄逼人。

图 5-1-3 肩部变化

2. 腰

从服装史来看，腰线位置的起伏高低同样代表了每个时代的流行特征，腰身围度变化主要有束腰与松腰两种形式。这两种造型在西方服装史上交替出现，经历了多次更换，每一次更换都伴随着一种鲜明的流行样式。

确切地说，松腰松的是自然腰线部位。从工艺打板的角度来说，服装的腰围尺寸大于人体腰围 10 cm 以上就不能算是束腰了。现代生活中很难再看到历史上通过紧身胸衣造就的纤纤细腰，而束腰装大多使用腰带、裁剪、弹性面料来获取效果，有的甚至干脆露出腰腹，同样也可以形成束腰的外观效果（图 5-1-4）。

束腰　　　　　　　　　　　松腰

图 5-1-4 腰部变化

腰线位置变化的直接结果是带来服装比例分配上的变化，整体效果也因之变化多端,所以在形容服装样式时有高腰线、低腰线和自然腰线之类的专业用词。

服装设计初学者有时会看错腰线,如图5-1-5第⑤款服装,皮带位置在自然腰线以下,但这服装设计不能算是真正的低腰线,因为紧身背心勾勒出的细腰证明整个款式仍然属于自然腰线设计,可以对比第⑥款,从低腰线以上部分的服装宽松,整款上下,只有低腰线那部分是最细窄的,所以第⑥款属于低腰线设计。因此从整体角度分析腰线围度宽窄能够很容易确定是哪种类型的设计。

图5-1-5 腰线变化

3. 底摆

这里的底摆泛指裙子或裤子的下摆边缘线,底摆的设计主要从以下两个方面进行变化。

（1）底摆的位置

服装上下移动的底摆位置变化最能反映时代精神和审美变化。图5-1-6已经清晰地显示出20世纪女裙的底摆线随着社会、经济、文化等时事变化不断地上下移动。现在,流行的多元化已使裙摆没有了统一的界线,不同高低的底摆代表着不同的形象风貌展现在时尚界和街头。

在常见款式中有几个常用的底摆高度,从图5-1-5的1至7底摆位置分别为拖地、及踝、及小腿肚、露小腿、及膝、膝上和露大腿。不考虑色彩和材质的影响,仅从造型上来说,膝盖以下的底摆高度适宜塑造优雅、沉稳、干练、中庸、成熟、淑女感等低调含蓄的形象风格，膝盖以上的底摆适宜塑造欢快、精干、快速、利落、可爱、轻巧、活泼、张扬、夸张、叛逆等激扬向上的形象风格。裤子的底摆高度效果与裙子相近，但由于裤子本身有职业化、男性化的含义，所以仍需要结合设计理念综合判断，选择合适的底摆高度。

图 5-1-6　常用底摆高度

（2）底摆的围度和形状

除了上下的比例变动，围度和形状也是底摆设计时可以考虑的因素，如大底摆、小底摆、直线底摆、弧线底摆、折线底摆、对称形底摆、不对称底摆等，底摆线的形态使得服装的外轮廓呈现多种风格和形状。近年来正在流行的裙摆就有各式各样的不对称形，使服装增添了活泼感和趣味性（图 5-1-7）。

图 5-1-7　多样的底摆形状

上述三个要素涉及腰身和下摆的围度设计，这里所提及的范围扩大至了服装主要部件的围度，如衣身、裙身、裤身和袖子等的宽松度。在服装设计中，各种部件的围度可以做出很多变化。举例来说，牛仔裤常见的款型是紧窄直筒，臀部的各个松量取值远不如西裤那么多。现在更多的情况是，牛仔裤身的围度设计如同莱卡弹性纤维（LycRa）那样收放自如，可以大如水桶，也可以细如笔杆，与肌肤之间几乎毫无空隙留存，设计师可以通过围度的变化展现服装的百变魅力。

总之，廓形的设计如同是对人体的一种包装，用面料塑造出占据一定空间、体积的立体形象，随着观察方位的变化，包装后人体会产生不同的体块感觉，并根据人体的动势而变化。限于人体形态、服用功能和社会功能等因素的限制，服装的廓形设计范围有限，所以更多的变化在于色彩、材质和廓形内的造型设计。

服装是日用品，无论廓形如何，最后呈现的必定是某一种样式，如裙或是外套等。内部结构设计与服装样式、部件细节的关系密不可分。例如，同一个廓形，可以是严肃的西服套装，也可以是家居型的直筒长裙。设计师在确定了风格基调和基本廓形之后，就需要选择恰当的样式把想法进一步落实。

5.1.3 服装样式和部件的基本种类

1. 服装样式

（1）裙：连衣长裙、高腰长袖连衣裙、背带连衣裙、直身长半截裙、褶裥迷你半截裙、及膝直筒半截裙。（图 5-1-8）

图 5-1-8　裙

（2）裤：牛仔短裤、内裤式短裤、牛仔长裤、宽松跑裤、窄腿弹力长裤。（图 5-1-9）

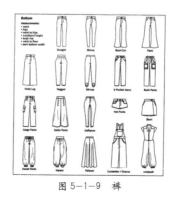

图 5-1-9　裤

（3）大衣：经典风雨衣、双排扣大衣、"O"形风雪大衣。（图5-1-10）

图 5-1-10　大衣

（4）夹克、外套。（图5-1-11）

图 5-1-11　夹克

（5）衬衣：长袖衬衫、无袖衬衫、连裤衬衫。（图5-1-12）

图 5-1-12　衬衣

（6）T恤、套头毛衣。（图5-1-13）

图 5-1-13　T恤、套头毛衣

（7）胸衣、马甲、斗篷。（图 5-1-14）

图 5-1-14　胸衣

2.部件细节

服装的部件细节包括省道、褶裥、口袋、领子、袖子、扣眼等。在一个系列中，每套服装的廓形、样式的选择和搭配基本相似，但部件细节的变化设计可以赋予每套服装不同的特色。

在商业设计中，设计师会按照品牌风格，结合流行趋势，反复利用几个具备营销价值的设计款在部件细节上做渐变，或领线的曲直裁剪，或省道的巧妙转移，或镶嵌别致的滚边设计各种效果。这种设计只要通过简单的技术变化就可以达到目的，企业能够在流行造型上挖掘出更多的商业效益。

以下是服装主要部件类别介绍。

（1）领

领，包括领圈和领子两种造型。

领圈又称为领线或无领，英文为"neck-line"，一般是指使头部通过的衣服洞的形状，不包括领座和领面，常见的领圈式样如图 5-1-15。

图 5-1-15　圆领、V 型领

领子又称为领型，英文为"collar"，一般由领圈、领座和领面三个元素搭配构成，常见的领子式样如图 5-1-16。

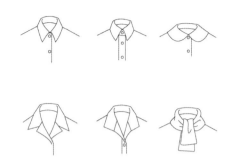

图 5-1-16 翻领、立领

（2）袖

　　袖的设计包括袖窿、袖身和袖口的处理，由此变化出两种主要形式：无袖和袖子。

　　无袖又称为袖窿，英文为"arm-hole"，一般是指使手臂通过的衣服洞的形状，不包括袖片和袖克夫（cuff），所以无袖设计其实是单纯的袖窿线设计，常见的无袖式样如图 5-1-17。

图 5-1-17 无袖样式

　　袖子，英文为"sleeve"，是由连接在袖窿线上或由衣服向手臂直接延伸出来的衣片形成，这个衣片被称为袖片，在袖片的末端有时配袖克夫。袖子的设计主要围绕长度、围度、袖窿拼接线形状、袖口和克夫这几个要点。

　　常见的袖子式样按照袖的长短可分为短袖、长袖、中袖、七分袖等，如图5-1-18所示，按照袖窿线距离肩端点的远近距离区分有插肩袖、自然肩袖和落肩袖，没有袖窿线的，即直接从衣身延伸出来的袖被称为连身袖。

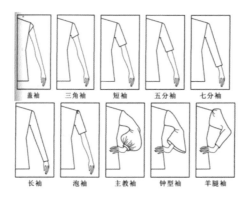

图 5-1-18　袖子样式

（3）口袋

口袋大体上可分为贴袋、单线挖袋、双线挖袋和插袋，还有两两组合的形式，如贴袋上加一挖袋，或插袋上又加挖袋，若加上袋盖的搭配，口袋的形态便更加丰富了，常见的口袋式样如图 5-1-19。

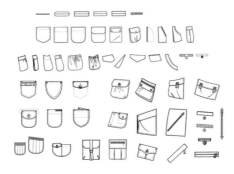

图 5-1-19　口袋式样

（4）装饰附件

装饰附件分为装饰品和附件。装饰品即与服装风格相配的所具有装饰效果的部分，如饰带、刺绣、滚边、珠片、蝴蝶结等。附件则是指服装上具有功能性的物品，如拉链、绳带等连接件。装饰性与功能性常常也可反映在同一物件上，如造型别致的纽扣和精致时髦的腰带。

5.1.4　内部设计方法

廓形设计是对人体造型的重新创新，样式基础之上的内部设计就是要对廓形内空间进行规划，通过比例分割、样式组合搭配等手法来强化廓形，获得平面或立体的视觉效果。

在动用手法进行设计前必须要探讨形式美的法则，这是所有设计学科共通的课题，服装设计也不例外。这些法则包括齐一与参差、对称与平衡、比例与尺度、黄金分割律、主从与重点、过渡与照应、稳定与轻巧、节奏与韵律、渗透与层次等，认识这些基本法则，有助于协调外廓形与内部结构的关系，使得整体造型更加丰满、充实。

1. 均衡

均衡，又称为平衡，是指中心两边的视觉趣味、分量相等。一套在视觉上均衡的服装，能给人以美的感受，均衡分为对称平衡和不对称平衡。

对称平衡是常见形式，如左右对称、上下对称，轴中心两边的造型分割、面料、工艺结构、色彩等构成元素完全相同，而外廓形一般也是同步对称的。由于人体本身就是左右对称的，所以左右对称的服装造型便成为常见的形式（图5-1-20），这种形式易使人产生和谐、安详、端庄、严肃等感觉。越是正式的场合，对称平衡手法的使用频率越高，如礼服、军服、警服、上班服等。但也会因过于安稳而显得保守、枯燥、单调、呆板，因此可以在局部细节处采用一点不对称。

图 5-1-20　对称平衡的服装

不对称平衡是在造型、面料、工艺结构、色彩等构成元素中的一种或几种元素在轴两边不完全相同（图5-1-21）。欧洲15世纪的服饰是最典型的一种不对称设计，其中有款式为两个裤腿颜色迥异的霍斯裤（hose）和左右纹饰完全不同的上衣（surcoat），如一边是狮子纹，另一边是眉和百合花。偏门襟、不对称纹样、单肩款、倾斜的底摆等都是现代服装中常用到的不对称形式。

图 5-1-21　不对称的服装

不对称形式能较快地引起人们注意，但设计难度比对称平衡大，运用不当容易引起视觉不舒适，设计者必须在面积大小、方向、多少等方面加以调整，同时保留对称的廓形，以此来达到变化和统一的协调，如果廓形本身不对称，则减少内部不对称的元素是降低视觉失衡的方法。

2. 比例设计

比例是指设计中不同大小的部位之间的相互配比关系。黄金分割比，是设计中经常用到的比例。当一个矩形的长宽比为 1：1.618 时，造型都显得优雅协调，黄金矩形被广泛地应用于邮票、纸币等。在 8 头身人体比例中，以肚脐为中心的上下比为 3：5，恰好等于 1：1.618。还有很多类似的基于数学计算的比例，运用点、线、面在服装内部进行分割处理，都可以获得美的外观。但服装设计不是单纯的数学研究，不论何种比例归根结底都是在凸显不同的人体体形的比例美，只要抓住这点再调整内部就可以把握整体造型了。

服装内部分割的空间、腰线的上下长度比、肩宽与衣摆的宽度比、色彩材料装饰的分配面积比、服装各部位所占的体积比等无不涉及比例问题，这里要讨论的是以人体为依据的上下部分体量比。

（1）上小下大

上小下大比例突出上半身的精致和下半身的纤长，通过对比来塑造或高挑、或性感的女性化形象，正装中经常会出现，往往配合"A"型或"X"型的廓形。经常采用紧紧束住自然腰线或者高腰线的设计，下半部分轮廓扩张开来，内部的褶裥、装饰或衣片结构一般呈放射线形，尽量通过造型、花型等的面积、块面的差异来加强上下在体量上的差别（图 5-1-22）。大摆的裙子和阔腿长裤是塑造这种比例的常用样式。

图 5-1-22 上小下大的比例

（2）上大下小的比例

上大下小比例突出上半身的宽阔，这种形象比较偏向于男性化或中性化的风格，往往与倒梯型或"Y"型的廓形相匹配。当无论腰部是否紧束，腰以上必定是宽阔的肩部或宽松的体量，服装部件结构面积较大，还可以用层叠加厚的下装来强化廓形，横向线条多出现在下半身，下装尽量缩减体量和长度，底摆缩小，腰线可以下移，长款的上装和低腰线的分割常常在此出现（图 5-1-23）。

图 5-1-23　上大下小的比例

宽松的风衣、夹克和 T 恤单独或多层次组合穿着，配合细窄的裤、裙是形成这类比例的通用搭配。

3. 上下相等的比例

上下相等比例上下体量差不多，腰线或上装底摆线一般在自然腰部或稍下一点，很多服装廓形都可采用这类比例。当腰部紧束时体现女性窈窕身形，放松腰部时显现随意、端庄、自然、休闲等多种效果，上下围度总是一同宽松，或一同收紧，人体裸露量基本上也是上下差不多，因为缺少体量上的冲突刺激，因此在生活装中常常会出现这类比例（图 5-1-24）。

图 5-1-24　上下等量的比例

4. 人体美的比例

人体是服装的主体，服装的主要作用之一便是体现人体美。前面介绍的三种方法还只是针对人体高度方面的比例设计,设计者还有必要多研究人体各个肢体、部位的比例之美,通过服装在体形上的分割、衣片对肢体的掩盖和暴露来获取新形态,创造发现人体多样的美。（图 5-1-25）

图 5-1-25　人体美的比例

5.1.5　强调形的设计

款式造型设计需要内外形态上的呼应,变化中有统一。 如迪奥 1947 年作品"Bar suit"（图 5-1-26）,外廓形上肩部柔和窄小,袖围瘦窄,腰部纤细,裙身膨大宽松,突出纤长美丽的小腿,展示出女性优雅、性感又轻快的风格;内部结构配合廓形采用小巧的翻驳领、紧收腰部的省道、如花瓣一样展翘的上装下摆和充满放射线式细褶的裙面来强化整个款式,起到了对整体造型的烘托、强化作用。内部造型可以采用多种方式形态设计,设置了一定的比例关系,或用滚边、装饰条来勾勒边缘线,达到强化廓形的作用。

图 5-1-26

1. 样式组搭

多件造型相似的服装进行配搭,或通过各件服装服饰的长短变化,组合形成

多层次的穿着设计，这种设计增加了服装的立体深度感，通过衣片、物件在廓形上的分割加重整体造型效果。（图5-1-27）

图 5-1-27　样式组搭

2. 省道设计

省道设计在服装设计中经常被用到，可以通过人体自然凹凸曲线的变化，巧妙设计出与造型风格相符的省道形态。直截了当的拼缝难免效果单一，可以把省道处理为褶裥、装饰线、层次效果等其他更具艺术美的样式。（图5-1-28）

图 5-1-28　省道设计

3. 褶皱设计

服装是人体的包装，布料在人体上除了做缝制拼接外，最多的便是折叠。可以根据材料特性选择造型的方圆、软硬，由此产生的曲直线条有助于外廓形的强调。（图5-1-29）

图 5-1-29

4. 部件设计

服装部件中的领、袖、口袋是内部细节造型的主要载体。这些部件在日常装的西装、大衣的设计上尤为突出，不同形状的领子、袋盖、袖子显现出的造型感觉是不同的。除此以外，肩章、腰带、门襟、袖口、肩片等包括饰品配件的细节造型都可以调整以取得与廓形风格的一致性。（图5-1-30）

图 5-1-30　部件设计

5.1.6　节奏的设计

节奏又称韵律、旋律，本是指音乐中音律节拍轻重缓急的变化和重复。节奏在构成设计上是指以同一视觉要素连续重复时所产生的运动感，如有规律地重复出现的线条、色彩、装饰等。

内部造型的节奏感设计方式有反复（或称为重复）、渐变、放射等，通过装饰线形、板型结构、材质更替、部件设计等多种方式在服装上勾画出轻重、长短、起伏等有节奏规律的点、线、面的形态，这些形态具有一定的秩序美，不依赖人体比例，也不强调外廓形，其本身就能成为视觉聚焦的中心（图5-1-31）。

图 5-1-31 节奏的设计

对服装内外造型的熟练把控需要设计者经常做案例训练，在工作中不断提高自身艺术修养，增强对美的判断力。款式设计原理不能生搬硬套强加于服装，没有从内心感受到美，这些方法就会变成空泛的条条框框，可能使设计僵化。作品应首先建立在一定的设计理念之上，并围绕所要表现的风格来选用各种表现手段。

5.2　系列渐变设计

服装系列化设计更多是针对现代工业中的成衣生产。系列是变化有序的定型产品，设计在基本型产品之上做多样化外观发展。基本型产品的设置是为了规范生产管理，保证产品风格和质量。

成衣工业中的系列设计不只是为形式的需要而存在的，它更多地受客观生产影响，所以设计时必须考虑实际生产。这与纯表演性服装系列设计有很大区别。表演性服装可以充分发挥设计者的主观想象，严格地说，这类服装不具有真正的系列特征，因为它失去了工业生产的系列产品的基本客观要求，其系列只为纯形式而存在。

服装产品系列化有很强的经济意义。其一是可以加速新品的设计，发展新品种、提高产品质量，方便使用和维修，减少备品配件的储备量；其二是可以合理简化品种，扩大通用范围，增加生产批量，有利于提高专业化程度；其三，系列化可以缩短产品工艺装置的设计与制造的期限和费用。

服装系列设计包括基本款式确定和款式渐变两个步骤。

基本款式确定。在形成系列过程中，首先选定代表产品设计特色、用途功能的基本款式，归纳出它的特征点。这些特征点必须是反映设计理念的典型，由色彩、材料、造型、样式、配件等一系列元素综合体现。出于工艺制作的考虑，基本款式还要能够反映产品基本的技术特性。

款式渐变。款式渐变是在基本款式的基础上稍加改变，派生出的变化的产品，从而形成变化的系列。服装尺寸规格和各项工艺参数上也必须系列化，据此编制成完整的服装设计系列。

5.2.1 款式渐变设计

1. 系列的造型渐变

（1）整体廓形和主体结构的渐变

廓形和结构两者直接构成了服装的整体造型风格，是系列风貌设计的关键之处。如果廓形和主体结构发生了大变化，则整个系列设计就会失去原定的特色，使各种设计元素互相冲突，杂乱不堪。但这并不是说丝毫不能改动廓形和服装的结构，只是应在保持基本风格的前提下进行。

（2）构成部件的渐变

构成部件如领、袖、袋等的大小、位置、装饰的渐变，但避免改变过大，如插肩袖改成了无袖，那就脱离了原有风格的要求，这些部件的渐变效果要呈现明显的系列感。

（3）细节部分的渐变

细节部分如褶裥、袢带、纽扣等的大小、位置、装饰的渐变，这类渐变的程度受到主造型的限制，因而改动幅度不宜太大。

2. 系列设计的注意点

（1）必须固定服装廓形，不能完全改变廓形的性质。如强调三围对比的"x"造型廓形的服装演变成了肥大的贴身流线的廓形，原来的风格效果就完全被颠覆了。

（2）固定服装廓形，进行局部渐变。局部变化若频繁无序，将造成整体效果上的杂乱无章，同时会增加生产难度和工时，加大产品成本。这时候应该增加系列的秩序性，适当约束局部的变化程度。

（3）成衣系列设计要避免成本费用高于原定的产品价位，否则产品不能在市场中顺利流通和拓展。另外，过多的手工制作也将增加制作成本和工时，设计过程中应尽量考虑创意相对于现代化生产的可行性。

（4）避免出现生产无法达到设计效果的情况。如采用非常规的材质或工艺技术制作服装，这就违背了现代服装的设计要求和技术要求。

渐变的设计图要画出正面图和背面图，有时根据情况还要画出侧面图或局部图，每一款设计图上应附上相应的材料小样和色彩小样，一是便于设计时一目了然，二是可以随时取下更换，直到调试到最佳的组合搭配。设计图应尽量详细、周全，在这里完全没有必要夸张。

5.2.2　色彩的系列应用

在之前的工作中，设计者已经制定出了应合流行趋势、切合设计理念的色彩系列，在系列设计时色彩要结合服装系列整体的造型、部件细节等多个因素来统筹规划色彩的分配、组构。

多种色彩配置到具体的服装系列中，使搭配达到协调的效果是比较费工夫的，因为处理不好就会破坏秩序，易打乱条理，整个系列效果变得游浮不定、力量分散、视觉混乱，所以在应用之前必须反复推敲、斟酌，直至调整至色彩整体感觉既个性鲜明又协调统一。

解决色彩配置问题的方法多样，一般采用的有主色调统筹、均衡、律动配色、强调配色和分离配色。

1. 主色调统一

归纳出多个色彩中所共有的因素并加强其特质。用一种主色调来统筹系列中的各个色彩，能产生某种气氛，强化出一体的感觉。如以色彩的三属性明度、纯度、色相的其中一性作为主色调，其他色彩统一其中，除了服装系列上各部分的色彩有主色的调子，鞋、帽、包、袜、围巾等配件色彩上也要反映出统一的色调。在多色组成时，采用主色调统一的办法是最稳妥的，所有的色彩在变化中又有共同的规律，没有矛盾和分歧的现象出现（图5-1-32）。这种用一种主色调来统筹各个色彩的方法是最简单、稳妥的调和方法。

图 5-1-32　主色调统一

2. 均衡调整

依照色彩的特性加以调整，是使服装在整体感觉上分量相等的好方法。

由于色彩组合时有冷暖、轻重、强弱等的感觉，因此难免会出现视觉上的失衡假象。如同样形状的黑、白两色，黑色显得比白色重，这只是人眼的错觉，为了满足人心理上对平衡的要求，应该适当调整两个颜色的面积，使黑色块变小或分散（图5-1-33）。

图 5-1-33　黑白面积的调整

对称的均衡可能显得呆板，若改成不对称的形式，则效果会活泼而具有变化，这也是均衡性的调整，但要求设计者有较高的技巧。

3. 分割色协调

当色彩关系对立冲突或模糊暧昧时，可以用一些无彩色和金属色的线形分割各个色彩，一般都能起到很好的缓冲作用。在系列设计中，这些分割色适宜放置在各款服装的装饰边线或小部件处，如领子、袖克夫、拉链、腰带、围巾、滚边、花边、包、帽等，在面料上一般表现为图案纹样的设计。隔离色的形状可以为直线或曲线，并且可作粗细宽窄变化（图5-1-34）。

图 5-1-34 分割色的应用

4. 加入强调色

为解决系列整体单调乏味的感觉，可以在服装某个部分使用醒目的、面积较大的色彩，如主色的对比色。这些部分如服装上抢眼华美的首饰、配件，造型别致的袖子、领子、口袋等，也可以在同一系列的某一款中用强调色。但要注意强调色的面积和调子大小要恰到好处，以免喧宾夺主。

5. 层次的律动变化

有秩序、阶层性的配置多个色彩，使色彩具有层次变化，或明度上由浅至深，或纯度上由纯至浊，或色相上由红至蓝，或面积上由大至小。这样的渐变色彩效果活泼，富有节奏，秩序性很强，给人以强烈的韵律美（图 5-1-35）。系列设计时选择一种层渐变，较容易统一每一款的风格，否则整体色彩仍然会杂乱无章。

图 5-1-35

5.2.3　材料的系列应用

服装设计一项很重要的技巧就是如何把原有材质的特性发挥出最好的搭配风貌来。纺织品材料具有不同的表面质地，搭配时必须考虑彼此间的关系，不仅在色彩方面，裁剪的形态、外形、位置、质料等都应该仔细斟酌，不同性格的材料组合会产生不同的造型效果。

应用面料的方法一般有以下几种。

1. 以相同性能、风格、材质的面料为系列风格

服装系列的主干造型往往是根据面料的性能、材质和表面风格确定的，如毛料系列、丝绸系列、皮革系列、绒料系列等。避免在同一系列服装中出现两种性质反差过大的面料，如丝绸和麻织物。材质不相适宜的面料如果勉强搭配在一起，必然产生势均力敌的冲突，让人无法选择，对于工业生产的工艺设计也会造成不必要的复杂性。

2. 应用性质差距大的面料组合时，要采用性质接近的面料

薄厚轻重相近，或者各块面料的天然原料与化纤原料的比例大概一致，如粗纺毛呢和灯芯绒、精纺毛呢和缎织物、皮革和粗纺毛呢等。

3. 应用多色搭配时，面料的性质需保持相同或近似

如不同色彩的棉布搭配，要避免相反性质不同颜色的面料组合，如水洗布和

丝绸、灯芯绒和精纺毛料都不能组合，因为这在生产中几乎是不能实现的。

5.3　服装的风格形象

服装设计最终形成的是服饰的外在形象效果，它除了由色彩、剪裁、细节、结构等各种要素协调构成外，还不可缺少配件等辅助因素的装饰强化作用，如鞋、帽、包、袜、发型、装束，所有的一切被周密安排、合理组构后，整个形象风格即可初见眉目了。

5.3.1　常用的设计风格

1. 现代风格

现代风格代表形象为自信独立的女性，对外界变化反应灵敏，喜欢尝试新事物，具备开拓、进取的精神，设计上简洁而明快。

2. 乡村风格

田园野外的风情，代表形象为悠然闲适、自然朴素。设计上强调手工制作感，高科技和人工的气氛淡薄。色彩上偏向自然温和的色调，如本白、咖啡、褐色等，有时与民族风格或环保风格融为一体。

3. 女性风格

女性风格的代表形象是极为柔美恬静的女子。服装纤细、飘逸、轻盈、柔软，多采用各类丝、缎、纱以及细棉布，具有较多荷叶边、木耳边、饰带和蕾丝做装饰，图案题材上多取娇美的花草，造型以曲线为主。

4. 优雅风格

优雅风格一般是指成熟、高贵、稳重的风貌，表现穿着者所具备的较高层次的个人修养。正装和礼服类服装常采用这种风格。

5. 古典风格

古典风格的代表形象为传统、保守，有复古倾向。如穿着正统西服或中国清末式样的服装。色彩上比较黯淡沉着，素色、暗纹或条格的纹样为主，面料的质料高档。

6. 都市风格

都市风格的代表形象为都市中的知性人物。干练聪慧，大方利落，整体色彩偏于冷调，造型上较多洒脱的直线造型，以无彩色系为主色调。

7. 男性风格

在女性时装中加入男装设计元素，可以显出女性英姿飒爽的风采。男子西服套装、狩猎装和军装的样式都是可借鉴取用的素材。

8. 运动休闲风格

运动休闲风格体现在服装的活动性和机能性加强，穿着舒适，肢体运动没有服装的牵制和阻碍，设计上必然采用弹性材料或是非常宽松，或是贴体紧身，是日常闲暇游乐、活动的合适服装。服装类型有 T 恤衫、套头毛衣、运动裤、休闲衬衫等。如今运动休闲风格已慢慢渗入正式场合的款式设计，已成为未来设计的发展趋势。

5.3.2　历史上的主要流行形象

历史上的主要流行形象有：男孩子风貌、民族风貌、海洛因风貌、多层风貌、内衣外穿风貌、嬉皮士风貌、迷你风貌、雅皮士风貌、新嬉皮士风貌、新浪漫主义、超大风貌、朋克风貌、透视风貌等。

第6章 作品赏析

图 6—1

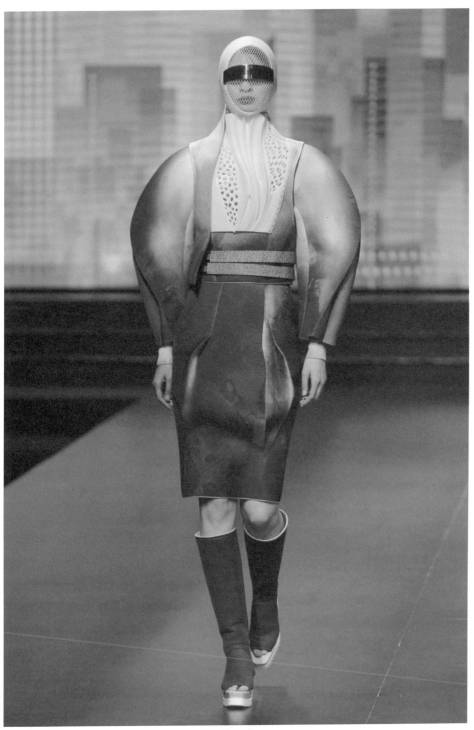

图 6—2

图 6—3

图 6—4

图 6—5

图 6—6

图 6-7

图 6—8

图 6-9

图 6—10

图 6—11

图 6—12

图 6—13

图 6—14

图 6—15

图 6—16

参 考 文 献

【1】梁军.服装设计创意【M】.北京：化学工业出版社，2015（6）.

【2】陈莹，丁瑛，辛芳芳.服装设计【M】.北京：化学工业出版社，2015（5）.

【3】王晓云，杨秀丽.服装企业制板、推板与样衣制作【M】.北京：化学工业出版社，2015（1）.

【4】刘瑞璞，邵新艳.TPO品牌女装设计与制版【M】.北京：化学工业出版社，2015（5）.

【5】徐丽.实用服装制板100例【M】.北京：化学工业出版社，2015（2）.

【6】李际.CorelDRAW服装款式设计【M】.北京：化学工业出版社，2015（5）.

【7】李春晓，周志鹏，友广康.Illustrator & Photoshop服装与服饰品设计【M】.北京：化学工业出版社，2015（6）.

【8】（日）中屋典子·服装造型学·技术篇【M】.刘美华，译.北京：中国纺织出版社，2004（10）.

【9】徐丽.服装制板与裁剪丛书：女装的制板与裁剪【M】.化学工业出版社，2013（1）.

【10】郑淑玲.服装制作基础事典【M】.郑州：河南科学技术出版社，2013（11）.

【11】刘瑞璞.服装纸样设计原理与应用·男装编【M】.北京：中国纺织工业出版社，2010（9）.

【12】（日）文化服装学院，服饰造型基础【M】.张祖芳等，译.上海：东华大学出版社，2005（1）.